SIMULATIONSSYSTEM FÜR FERTIGUNGSPROZESSE
MIT STÜCKGUTCHARAKTER
- EIN GEGENSTANDSORIENTIERTES SYSTEM MIT
PARAMETRISIERTER NETZWERKMODELLIERUNG

VON DER FAKULTÄT FÜR KONSTRUKTIONS- UND
FERTIGUNGSTECHNIK DER UNIVERSITÄT STUTTGART
ZUR ERLANGUNG DER WÜRDE EINES DOKTOR-INGENIEURS
(DR-ING.) GENEHMIGTE ABHANDLUNG

VORGELEGT VON

DIPL.-ING., M. SC.
BERND-DIETMAR BECKER
AUS STUTTGART

HAUPTBERICHTER: PROF. DR.-ING. H.-J. WARNECKE
MITBERICHTER: PROF. DR.-ING. F. BEISTEINER

TAG DER EINREICHUNG: 18.DEZEMBER 1989
TAG DER MÜNDLICHEN PRÜFUNG: 5. APRIL 1990

Bernd-Dietmar Becker

Simulationssystem für Fertigungsprozesse mit Stückgutcharakter

Ein gegenstandsorientiertes System mit parametrisierter Netzwerkmodellierung

Mit 48 Abbildungen und 47 Tabellen

Springer-Verlag
Berlin Heidelberg New York
London Paris Tokyo
Hong Kong Barcelona 1991

Dipl.-Ing., M. Sc. Bernd-Dietmar Becker

Fraunhofer-Institut für Produktionstechnik und Automatisierung (IPA), Stuttgart

Prof. Dr.-Ing. Dr. h. c. Dr.-Ing. E. h. H. J. Warnecke

o. Professor an der Universität Stuttgart
Fraunhofer-Institut für Produktionstechnik und Automatisierung (IPA), Stuttgart

Prof. Dr.-Ing. habil. H.-J. Bullinger

o. Professor an der Universität Stuttgart
Fraunhofer-Institut für Arbeitswirtschaft und Organisation (IAO), Stuttgart

D 93

ISBN-13: 978-3-540-53847-9   e-ISBN-13: 978-3-642-47943-4
DOI: 10.1007/978-3-642-47943-4

Gesamtherstellung: Copydruck GmbH, Heimsheim
62/3020—543210

<u>Geleitwort der Herausgeber</u>

Futuristische Bilder werden heute entworfen:

o Roboter bauen Roboter,

o Breitbandinformationssysteme transferieren riesige Datenmengen in
  Sekunden um die ganze Welt.

Von der "menschenleeren Fabrik" wird da gesprochen und vom "papierlo-
sen Büro". Wörtlich genommen muß man beides als Utopie bezeichnen,
aber der Entwicklungstrend geht sicher zur "automatischen Fertigung"
und zum "rechnerunterstützten Büro". Forschung bedarf der Perspektive,
Forschung benötigt aber auch die Rückkopplung zur Praxis - insbesondere im Bereich der Produktionstechnik und der Arbeitswissenschaft.

Für eine Industriegesellschaft hat die Produktionstechnik eine Schlüs-
selstellung. Mechanisierung und Automatisierung haben es uns in den
letzten Jahren erlaubt, die Produktivität unserer Wirtschaft ständig
zu verbessern. In der Vergangenheit stand dabei die Leistungssteigerung
einzelner Maschinen und Verfahren im Vordergrund. Heute wissen wir, daß
wir das Zusammenspiel der verschiedenen Unternehmensbereiche stärker
beachten müssen. In der Fertigung selbst konzipieren wir flexible Fertigungssysteme, die viele verkettete Einzelmaschinen beinhalten. Dort,
wo es·Produkt und Produktionsprogramm zulassen, denken wir intensiv
über die Verknüpfung von Konstruktion, Arbeitsvorbereitung, Fertigung
und Qualitätskontrolle nach. Rechnerunterstützte Informationssysteme
helfen dabei und sollen zum CIM (Computer Integrated Manufacturing)
führen und CAD (Computer Aided Design) und CAM (Computer Aided Manufacturing) vereinen. Auch die Büroarbeit wird neu durchdacht und mit
Hilfe vernetzter Computersysteme teilweise automatisiert und mit den
anderen Unternehmensfunktionen verbunden. Information ist zu einem
Produktionsfaktor geworden, und die Art und Weise, wie man damit umgeht,
wird mit über den Unternehmenserfolg entscheiden.

Der Erfolg in unseren Unternehmen hängt auch in der Zukunft entscheidend von den dort arbeitenden Menschen ab. Rationalisierung und Automatisierung müssen deshalb im Zusammenhang mit Fragen der Arbeitsgestal-
tung betrieben werden, unter Berücksichtigung der Bedürfnisse der Mitarbeiter und unter Beachtung der erforderlichen Qualifikationen. Investitionen in Maschinen und Anlagen müssen deshalb in der Produktion wie
im Büro durch Investitionen in die Qualifikation der Mitarbeiter be-
gleitet werden. Bereits im Planungsstadium müssen Technik, Organisation
und Soziales integrativ betrachtet und mit gleichrangigen Gestaltungs-
zielen belegt werden.

Von wissenschaftlicher Seite muß dieses Bemühen durch die Entwicklung
von Methoden und Vorgehensweisen zur systematischen Analyse und Verbesserung des Systems Produktionsbetrieb einschließlich der erforderlichen Dienstleistungsfunktionen unterstützt werden. Die Ingenieure
sind hier gefordert, in enger Zusammenarbeit mit anderen Disziplinen,
z. B. der Informatik, der Wirtschaftswissenschaften und der Arbeitswissenschaft, Lösungen zu erarbeiten, die den veränderten Randbedingungen
Rechnung tragen.

Beispielhaft sei hier an den großen Bereich der Informationsverarbei-
tung im Betrieb erinnert, der von der Angebotserstellung über Konstruktion und Arbeitsvorbereitung, bis hin zur Fertigungssteuerung und Qualitätskontrolle reicht. Beim Materialfluß geht es um die richtige Aus-

wahl und den Einsatz von Fördermitteln sowie Anordnung und Ausstattung
von Lagern. Große Aufmerksamkeit wird in nächster Zukunft auch der
weiteren Automatisierung der Handhabung von Werkstücken und Werkzeu-
gen sowie der Montage von Produkten geschenkt werden.

Von der Forschung muß in diesem Zusammenhang ein Beitrag zum Einsatz
fortschrittlicher intelligenter Computersysteme erfolgen. Planungs-
prozesse müssen durch Softwaresysteme unterstützt und Arbeitsbedingun-
gen wissenschaftlich analysiert und neu gestaltet werden.

Die von den Herausgebern geleiteten Institute, das

- Institut für Industrielle Fertigung und Fabrikbetrieb der Universität
  Stuttgart (IFF),

- Fraunhofer-Institut für Produktionstechnik und Automatisierung (IPA),

- Fraunhofer-Institut für Arbeitswirtschaft und Organisation (IAO)

arbeiten in grundlegender und angewandter Forschung intensiv an den
oben aufgezeigten Entwicklungen mit. Die Ausstattung der Labors und
die Qualifikation der Mitarbeiter haben bereits in der Vergangenheit
zu Forschungsergebnissen geführt, die für die Praxis von großem
Wert waren. Zur Umsetzung gewonnener Erkenntnisse wird die Schriftenreihe "IPA-IAO - Forschung und Praxis" herausgegeben. Der vorliegende
Band setzt diese Reihe fort. Eine Übersicht über bisher erschienene
Titel wird am Schluß dieses Buches gegeben.

Dem Verfasser sei für die geleistete Arbeit gedankt, dem Springer-
Verlag für die Aufnahme dieser Schriftenreihe in seine Angebotspa-
lette und der Druckerei für saubere und zügige Ausführung. Möge das
Buch von der Fachwelt gut aufgenommen werden.

                              H. J. Warnecke · H.-J. Bullinger

<u>Vorwort</u>

Die vorliegende Arbeit entstand während meiner Tätigkeit als wissenschaftlicher Mitarbeiter am Fraunhofer Institut für Produktionstechnik und Automatisierung (IPA), Stuttgart.

Dem Direktor des Institutes für Industrielle Fertigung und Fabrikbetriebslehre sowie des Fraunhofer Institutes für Produktionstechnik und Automatisierung (IPA), Herrn Professor Dr.-Ing. Dr. h.c. Dr. e.h. H.-J. Warnecke, gilt mein besonderer Dank für die Anregung und die stete Förderung der Arbeit.

Herrn Professor Dr. techn. F. Beisteiner, dem Direktor des Institutes für Fördertechnik, danke ich für das große Interesse und die eingehende Durchsicht der Arbeit.

Ich danke Herrn Professor Dr.-Ing. W. Dangelmaier für die fachlichen Gespräche und Ratschläge.

Schließlich möchte ich allen Mitarbeitern, die mir bei der Umsetzung und Fertigstellung der Arbeit behilflich waren, danken.

Stuttgart, September 1990   Bernd-Dietmar Becker

Inhaltsverzeichnis   Seite

<u>Verzeichnis der Abkürzungen, Formelzeichen und Einheiten</u>

<u>Zeichen</u>	<u>Einheit</u>	<u>Bedeutung</u>
@	–	aktives Element
AIE	–	aktives Informationsflußelement
AME	–	aktives Materialflußelement
AP	–	Arbeitsplatz
AusLL	–	Auslagerliste
BE	–	Bewegliches Element
DE	–	Datenelement
DLZ	s	Durchlaufzeit
ELE	–	Funktion zur Bestimmung eines Listenelements durch Vergleich mit einem Element
ET	–	Entscheidungstabelle
EVA	–	Einlagerung-Verarbeitung-Auslagerung
f()	–	Funktion von (...)
FE	–	Fertigungselement
FFS	–	flexibles Fertigungssystem
FG	–	Fördergüter
FHM	–	Förderhilfsmittel
FIFO	–	first in first out
FM	–	bewegliches Fördermittel
FP	–	Fertigungsprozeß
FTS	–	Fahrerloses Transportsystem
GEN	–	Generatorelement
IE	–	Informationsflußelement
IF	–	Informationsfluß
IFR		Informationsflußrichtung
KF	–	Kettenförderer
laußen	m	Länge eines überstehenden Teils außerhalb der Anlage seines Referenzpunktes
LE	–	Listenelement
Lb	m	Länge eines Bandes
Lk	m	Länge einer Kette
Lr	m	Länge einer Rutsche
Lw	m	Länge eines Weges
lfrei	m	Länge des freien Weges bis zum Stauort
LIFO	–	last in first out

linnen	m	Länge eines überstehenden Teils innerhalb der Anlage seines Referenzpunktes
lneu	m	Länge des neu eintretenden Teils in eine Anlage
loc	–	Koordinate des sequentiellen Zugriffs (c1,c2, ui,...cn) mit c....Konstante, u....Variable
LSZ	s	laufende Simulationszeit
MAX	–	Funktion zur Bestimmung des Maximums von Listenelementen
ME	–	Materialflußelement
MF	–	Materialfluß
MIN	–	Funktion zur Bestimmung des Minimums von Listenelementen
MFR	–	Materialflußrichtung
n.a.	–	nicht anwendbar
n.d.E.b.	–	nicht durch Elementeigenschaften bestimmt
NF	–	Nachfolger
PIE	–	passives Informationsflußelement
PME	–	passives Materialflußelement
RBG	–	Regalbediengerät
S	m	Strecke
SE	–	Sprachelement
SP	–	Speicher
sq	–	mit sequentiellem Zugriff
TA	–	Taktelement am Ausgang
TE	–	Taktelement am Eingang
TE/A	–	Taktelement am Ein- und Ausgang
ÜST	–	übergeordnete Steuerung
Vb	m/s	Geschwindigkeit eines Bandes
Vfm	m/s	Geschwindigkeit eines Fördermittels
Vk	m/s	Geschwindigkeit einer Kette
Vr	m/s	Geschwindigkeit einer Rutsche
VMMH	–	Verknüpfung von Methode, Mensch und Hilfsmittel
VMMR	–	Verknüpfung von Methode, Mensch und Rechner
VG	–	Vorgänger
wf	–	mit wahlfreiem Zugriff
WST	–	Werkstück

WZG	-	Werkzeug
Z	-	gleichverteilte Zufallszahl zwischen 0 und 999

1. EINLEITUNG

Fertigungssysteme werden aufgrund von wirtschaftlichen
Maßgaben auf eine bestimmte Leistungsfähigkeit hin
ausgelegt. Die geplante Leistung soll mit minimalen Kosten
erbracht werden. Voraussetzung dafür ist eine
anforderungsgerechte Strukturierung[1], Dimensionierung[2]
und Steuerung[3] der Produktionssysteme /1/.

Diese Forderung erscheint selbstverständlich. Die tägliche
Praxis der Fabrikplanung zeigt jedoch, daß ihr viele
Unternehmen nicht genügen /2, 3/. In den meisten Unternehmen
ist der Produktionsbereich mangelhaft strukturiert, sind
Subsysteme in ihren Leistungsdaten falsch dimensioniert und
Steuerungen für das Ziel der jeweils gewählten Fertigung
ungeeignet. So werden z.B. bei der Dimensionierung die
Systeme in der Regel zu groß oder zu leistungsfähig
ausgelegt. Diese Überdimensionierung wird üblicherweise als
Flexibilität[4] interpretiert und als solche gerechtfertigt.
Es ist aber höchst unwahrscheinlich, daß eine durch
Abschätzung entstandene Überdimensionierung genau die
Leistung darstellt, die eine in der Zukunft zufällig
entstehende Situation erfordert /2/. Eine solche
Überdimensionierung ist daher keine zusätzliche
Flexibilität, sondern Geldverschwendung.

Wirtschaftlich verstandene Flexibilität setzt dagegen eine
Planung voraus, die gegenwärtige und zukünftige Situationen

[1] Nach Borchert /4/ ist die Strukturierung eine funktionelle,
     informationelle und logische Unterteilung eines Systems. In
     diesem Sinne soll hier Strukturierung als Unterteilung eines
     Fertigungsprozesses in Teilprozesse verstanden werden.

[2] Unter Dimensionierung ist die Bestimmung freier Parameter eines
     Fertigungsprozesses zu verstehen. Dazu gehören z.B. die
     Entfernung und Anzahl der Betriebsmittel, die Geschwindigkeit der
     Fördermittel, die Anzahl der Werker etc. /5/.

[3] Steuerung ist nach Degelmann /6/ ein Wirkvorgang, der nur in
     einer Richtung abläuft. Hier soll er jedoch als Wirkvorgang mit
     einer Rückkopplung verstanden werden und entspricht damit dem
     Begriff der Regelung /7/. Insbesondere sind Entscheidungen
     bezüglich der Materialflußrichtung der Teile, der Zuordnung von
       Zielen und Gütern für Fördermittel, des Abrufens von Gütern
     u.v.a. gemeint. Entscheidungen werden entsprechend einer
     Ansammlung von Regeln abhängig vom Systemzustand gefällt und
     bestimmen eine Aktion die vom betroffenen System ausgeführt wird.
     Die Steuerung ist somit die Umsetzung einer Strategie in dem
     ausführenden Element, dem die Regeln der Steuerung mitgeteilt
     werden. Eine Strategie ist wiederum die Formulierung eines Ziels,
     das mit einem steuerbaren System erreicht werden soll.

[4] Flexibilität bezeichnet die Fähigkeit, auf wechselnde Situationen
     rasch zu reagieren und sich anpassen zu können.

in ihren dynamischen Zusammenhängen berücksichtigt. Sie muß Problempunkte der Strukturierung, Dimensionierung und Steuerung von Produktionssystemen erfaßbar machen und eine korrekte Abstimmung aller Teilsysteme erlauben. Die Simulation der Prozesse in Produktionssystemen stellt das geeignetste Werkzeug dar, das diese Planungsziele erreichbar macht /8,9/. Trotz dieser Kenntnis wird die Simulationstechnik in der heutigen Planungspraxis nicht häufig genug eingesetzt /10,11/. In der vorliegenden Arbeit wird gezeigt, daß dies durch Mängel an bestehenden Simulationsverfahren[5] begründet werden kann. Anschließend wird ein neues verbessertes Verfahren entwickelt, das die Nachteile herkömmlicher Systeme überwindet und einen breiteren Einsatz der Simulationstechnik in der planerischen Praxis begünstigt.

---

[5] Ein Verfahren enthält neben einer Methode die zu ihrer Anwendung erforderlichen Aufgabenträger (Mensch) und Hilfsmittel (Rechner, Programme, Karteien, Plantafeln) (siehe auch /12/).

2. OPTIMIERUNG VON FERTIGUNGSPROZESSEN DURCH SIMULATION

Die Qualität der optimalen Auslegung eines
Fertigungsprozesses läßt sich daran messen, wie die
Subsysteme einer Fabrik aufeinander abgestimmt sind und
Engpässe[6] im Betriebsablauf vermieden werden können. Eine
Messung dieser Qualität wird durch die Realität oder eine
modellmäßige Betrachtung[7] möglich. Eine Verbesserung in
realen Systemen läßt jedoch eine mangelhafte Konzeption erst
dann erkennen, wenn eine Nachbesserung technisch unmöglich
oder sehr teuer geworden ist. Sie führt damit meistens nur
zu unbefriedigenden Lösungen. Die Optimierung in
modellierten Systemen erlaubt dagegen die wirtschaftliche
Durchführung von iterativen Planungsschritten. Sie sichert
die Planungen in einem frühen Stadium mit höherer
Planungsqualität und geringeren Kosten ab /13, 14, 15, 16/.

Modelle des Fertigungsprozesses können unterschiedlich exakt
der Realität angepaßt sein. Der Erhöhung der Anpassung an
die Realität steht meist die Erhöhung der Komplexität des
Lösungsverfahrens und der Kosten der Optimierung gegenüber.
Es muß also ein sinnvolles Optimierungsverfahren gewählt
werden, das den Planungsaufwand mit dem Risiko einer
verbleibenden Abweichung der realisierten Lösung von der
Optimallösung aufrechnet.

Analytische Optimierungsverfahren[8] können nur statische und
einfachere dynamische Sachverhalte beschreiben. Eine Lösung
des Optimierungsproblemes ist über Rechenvorschriften[9]
möglich. Solche Vorschriften sind aus dem Operations
Research hinreichend bekannt. Exakte analytische Verfahren
finden das absolute Optimum einer bestimmten Zielfunktion.
Für praktische Anwendungsfälle sind diese jedoch nicht in

---

[6]   Borchert /4/ beschreibt einen Engpaß als Bereich eines
Betriebs mit geringster Durchlaßfähigkeit. Hier ist insbesondere
ein Element eines Teilsystems oder ein Teilsystem eines
Fertigungsprozesses mit geringstem Durchsatz an Teilen pro
Zeiteinheit zu verstehen.

[7]   Ein Modell ist nach Hichert /16/ ein Objekt der Anschauung und
des Denkens, das in bestimmten zur Problemlösung interessanten
Eigenschaften einem Original vergleichbar ist. Siehe dazu auch
Niemeyer /17/.

[8]   Ein analytisches Optimierungsverfahren ist ein durch
Rechenvorschriften bestimmtes Auswahlverfahren, das freie
Parameter unter Berücksichtigung von Randbedingungen so bestimmt,
daß das betrachtete System einer Zielvorstellung am besten
entspricht.

[9]   Rechenvorschriften oder Algorithmen führen nach endlich vielen
Schritten zu einem mathematisch eindeutigen Ergebnis (s
/23/).

vertretbarer Zeit lösbar oder gar nicht formulierbar. Hier können oft nur heuristische[10] Verfahren zu einer Lösung führen. Analytische Lösungsverfahren für kompliziertere dynamische Sachverhalte, wie z.B. die Auslegung eines Fertigungsprozesses, können keinen Erfolg haben /18/. Die Optimierung von Fertigungsprozessen kann nur durch experimentelles Betreiben von Modellen, also durch Simulation[11], erfolgen /19/. Eine Simulation gibt keinen Hinweis auf die Richtung, in der die Lösung zu suchen ist. Sie zeigt nur die Auswirkungen der gewählten Struktur, Dimensionierung und Steuerung auf die Leistungsfähigkeit eines Produktionssystems auf. Erst durch eine Vielzahl von Simulationen mit unterschiedlichen Modellparametern kann die Richtung einer Optimierung in etwa bestimmt werden. Kenngrößen hierfür sind in der Regel Durchlaufzeit, Durchsatz, Leistungsgrad und Stillstandzeiten des modellierten Systems /20, 21, 22/.

---

[10] Heuristische Verfahren können nur ein relatives Optimum, d.h. die bessere von zwei oder mehr Lösungen, durch Vergleich ermitteln. Zu heuristischem Vorgehen siehe z.B. Kalscheuer/Gsell /24/.

[11] Nach Koxholt /25/ ist Simulation als reine wirklichkeitsäquivalente Nachahmung der Wirklichkeit zu definieren. Das Ergebnis angewandter Simulation liefert dabei ein Modell der Wirklichkeit, mit dessen Hilfe Hindernisse, die es erschweren oder gänzlich unmöglich machen, in der Wirklichkeit selbst zu neuen Erkenntnissen zu gelangen, überwunden werden können (s. Koxholt /25/). Nach Hichert /16/ ist die Simulation des Planungsablaufes ein sukzessives Erstellen einzelner virtueller Planungen zum Zwecke der Variation und Optimierung der Planungsergebnisse.

3. VERFAHREN ZUR SIMULATION VON FERTIGUNGSPROZESSEN

Für die Simulation von Fertigungsprozessen sind verschiedene
Verfahren bekannt. In dem vorliegenden Beitrag soll eine
systematische Abgrenzung der Simulationsverfahren[12]
durchgeführt werden, um bei der Planung von Fertigungsprozessen unbrauchbare Vorgehensweisen auszuschließen. Die
verbleibenden Verfahren werden dann nach noch zu
entwicklenden Kriterien auf Schwachstellen untersucht.

Im folgenden werden nur diskontinuierliche Prozesse[13], d.h.
Prozesse mit Stückgutcharakter[14], behandelt, da sie den
weitaus größten Teil der Fertigungsprozesse umfassen /2/.
Bei der Planung von Fertigungsprozessen mit
Stückgutcharakter reicht es aus, die Eigenschaften des
Fertigungsprozesses in ein Modell einzubeziehen, die die
Planungsergebnisse hinsichtlich einer gegebenen
Fragestellung beeinflussen /29/.

Es muß im allgemeinen eine Vielzahl von Teilsystemem in
ihren Strukturen, Dimensionen und Steuerungen gemeinsam
ausgelegt und aufeinander abgestimmt werden. Bei dieser
Aufgabenstellung werden detaillierte Fertigungsabläufe, wie

---

12   Welche Art der Simulation im Einzelfall anzuwenden ist, hängt
      zunächst davon ab, ob ein körperliches oder abstraktes Modell
      verwendet werden soll. Da erstere in der Unternehmensforschung
      jedoch nur von geringem Interesse sind, sollen lediglich
      Simulationsmethoden, die zur Erstellung abstrakter Modelle
      notwendig sind, aufgeführt werden /26/. Nach Koxholt /25/ sind zu
      unterscheiden:
      a)Solche, die ganz allgemein der Realisierung und
      experimentellen Handhabung abstrakter Modelle dienen.
      b)Solche, die der Simulation determinierter Systemelemente und
      determiniert ablaufender Vorgänge dienen.
      c)Solche, die zur Simulation stochastischer Vorgänge und
      Experimente herangezogen werden.

13   Unter Fertigungsprozessen mit kontinuierlichem und diskontinuier-
      lichem Charakter verstehen wir nicht wie bei Aggteleky /1/
      oder Borchert /4/ Prozesse, die den Charakter der Fließ-
      bzw. Einzelfertigung haben, sondern Prozesse bei denen das
      Gut kontinuierlich (s. endlose Gegenstände, Flüssigkeiten, Gase,
      etc.) oder diskontinuierlich (s. abzählbare Gegenstände)
      gefördert und bearbeitet wird (s. Klingenberg /27/ und Ringes
      /28/).

14   Stückgüter sind nach Borchert /4/ Erzeugnisse, deren Menge
      durch Zählen nach Stück ermittelt wird. Im Gegensatz zu Anlagen
      mit Flüssigkeiten oder Schüttgütern, sollen hier
      Fertigungsprozesse mit Stückgütern betrachtet werden. Die
      Bezeichnung Stückgut ist nur für Güter, die in kleinen Serien
      hergestellt werden, verbreitet. Sie soll hier aber auch für die
      Fließfertigung gelten, da das Wort Stückgutcharakter den Einsatz
      abzählbarer Güter verdeutlichen soll. Stückgüter sollen im
      folgenden als Teile bezeichnet werden.

z.B. die Bewegungen eines Roboterarms oder einzelne
Arbeitsgänge einer Drehmaschine nicht mehr im einzelnen
abgebildet, da nur der gesamte Zeitverbrauch für die
Bearbeitung eines Teils in diesem Fertigungsschritt die
Planung beeinflußt. Für das weitere Vorgehen soll deshalb
der Detaillierungsgrad für die Optimierung von
Fertigungsprozessen wie folgt eingeschränkt werden:

> Die Simulation von Fertigungsprozessen betrachtet nur
> den gesamten Zeitverbrauch, der zur Durchführung eines
> Fertigungsschrittes an einem Stückgut in einer bestimmten
> Station benötigt wird.

Die für die Durchführung eines Fertigungsschrittes
notwendige Veränderung von Teilen[15] kann dann bei der
Simulation vereinfachend am Ein- oder Ausgang der Station
durchgeführt werden.

3.1 KRITERIEN ZUR BEWERTUNG VON SIMULATIONSVERFAHREN

Entscheidend bei der Frage, ob und welche
Simulationswerkzeuge eingesetzt werden sollen, ist die
Wirtschaftlichkeit einer Planung mit
Simulationsunterstützung. Diese ist immer dann
wirtschaftlich, wenn die bei einer Simulation entstehenden
Kosten kleiner als der erarbeitete Nutzen ist. Kosten
enstehen bei einer Simulation durch den Erwerb eines
Simulationssystems[16], Einarbeitungsaufwand und einem evtl.
vermehrten Aufwand bei der Datenerfassung und Durchführung
der Planung. Der Nutzen, der bei dem Einsatz eines
Simulationswerkzeuges erwartet wird, besteht in einer
Erhöhung der Sicherheit der Planung durch eine verbesserte
Aussagefähigkeit des Verfahrens. Der Nutzen entspricht damit
dem Erwartungswert der Kosten, die durch Fehler bei der
Planung ohne eine Simulationsunterstützung entstünden[17]
/30/. Die vergleichende Bewertung von Simulationsverfahren

---

[15] Eine "Veränderung" von Teilen durch einen Fertigungsprozeß
beinhaltet z.B. Eigenschaftsänderungen von Teilen, aber auch das
Zusammenführen und Verteilen von Materialströmen.

[16] Die Kosten für den Erwerb eines Simulationssystems sollen hier
nicht weiter berücksichtigt werden, da sie marktpolitischen
Gesetzen unterliegen, und diese in der vorliegenden Untersuchung
nicht betrachtet werden. Es wird im folgenden also davon
ausgegangen, daß ein entsprechendes System bereits erworben
wurde oder kostenlos erhältlich ist.

[17] Hier wird davon ausgegangen, daß eine Planung mit Simulationsunterstützung im allgemeinen mindestens soviel Zeit wie eine
Planung ohne die entsprechende Unterstützung benötigt.

soll deshalb anhand der Kriterien *Aufwand* und *Aussagefähigkeit* von Simulationsverfahren durchgeführt werden.

Simulationsverfahren sollen als die rein gedankliche Realisierung einer Simulationsmethode durch den Menschen und entsprechender Hilfsmittel verstanden werden /12, 14/. Sie verwenden zur Beschreibung des Fertigungsprozesses ein Modell, das aus Elementen einer Beschreibungssprache[18] besteht. Zur Durchführung der Simulation von Fertigungsprozessen sind aber zusätzlich Hilfsmittel notwendig. Diese Hilfsmittel müssen durch den Menschen handhabbar und zur Durchführung der Simulationsmethode geeignet sein. Im Gegensatz zur abstrakten Definition der Beschreibungssprache von Fertigungsprozessen werden bei der Verknüpfung dieser Elemente die Implementierungsaspekte, wie z.B. die Benutzeroberfläche, der Einsatz effizienter Algorithmen etc., betrachet. In diesem Zusammenhang müssen die genannten Bewertungskriterien auf die

- Beschreibungssprache
- Verknüpfung von Methode, Mensch und Hilfsmittel

angewandt werden.

Der *Aufwand* und die *Aussagefähigkeit* eines Verfahrens können durch die folgende Gliederung in Unterkriterien für die Elemente einer Beschreibungssprache und einer Verknüpfung von Methode, Mensch und Hilfsmittel (VMMH) besser beurteilt werden (s. Tabelle 1).

---

[18] Der Begriff der Beschreibungssprache soll im Sinne einer Programmiersprache verwendet werden. Die Elemente der Sprache bauen ein Modell auf und gehorchen dabei entsprechend den Worten einer menschlichen Sprache einer bestimmten Syntax und Semantik.

Kriterien zur Bewertung von Simulationsverfahren		
	Aufwand	Aussagefähigkeit
Elemente der Beschreibungssprache	Anschaulichkeit Überschaubarkeit Leistungsfähigkeit Einfachheit	Richtigkeit Eindeutigkeit Vollständigkeit
Elemente der Verknüpfung von Methode, Mensch und Hilfsmittel	Anschaulichkeit Überschaubarkeit Leistungsfähigkeit Einfachheit	Richtigkeit Eindeutigkeit Vollst'andigkeit

Tabelle 1: Kriterien zur Bewertung von Simulationsverfahren

Betrachtet man die Beschreibungssprache, so wird unter *Anschaulichkeit* oder Abstraktionsgrad bei Büchel /14/ die formale äußere Verwandtschaft der realen Fertigungselemente zum System der Elemente der Beschreibungssprache verstanden. Eine gute *Anschaulichkeit* erhöht das Verständnis des Plans und des Modells und reduziert damit die Einlern- und Modellierzeit. Die *Überschaubarkeit* einer Beschreibungssprache ist gewährleistet, wenn ein geringer Umfang des Elementsatzes gegeben ist. Je weniger Elemente vorhanden sind, um so überschaubarer ist die Sprache und um so geringer ist die Fehleranfälligkeit /31, 32/. Nach experimentellen Untersuchungen /33/ wurde festgestellt, daß der Mensch im Mittel nur ca. sieben verschiedene Elementtypen gleichzeitig behalten kann. Geht die Anzahl der Sprachelemente (SE) darüber hinaus, so muß durch Strukturierung dafür gesorgt werden, daß in jeder Elementklasse nicht wesentlich mehr als sieben Elemente enthalten sind. Eine hohe *Leistungsfähigkeit* der Sprachelemente erlaubt für eine konstante Anzahl von Sprachelementen einen weiteren Einsatzbereich. Eine große Zahl von Anwendungsfällen können dann mit einer geringen Anzahl von Sprachelementen abgedeckt werden. Die *Einfachheit* der Sprachelemente sichert einen geringen Eingabeaufwand für einzelne Sprachelemente zu. Durch eine hohe *Einfachheit* der Sprachelemente kann der Aufwand bei der Modellerstellungszeit klein gehalten werden.

Die Elemente der Beschreibungssprache beeinflussen aber auch stark die Aussagefähigkeit eines Verfahrens. Unter *Richtigkeit* der Sprachelemente wird nach Büchel /14/ die inhaltliche innere Verwandtschaft realer Elemente zu den Sprachelementen des Systems verstanden. Bei hoher *Richtigkeit* der Sprachelemente sind nur geringe, vom Anwender gewollte Abweichungen des Modells vom realen System möglich. Bei geringer *Richtigkeit* entstehen Abweichungen, die der Anwender nicht wünscht und nicht verhindern kann. Unter *Eindeutigkeit* der Sprachelemente wird nach Büchel[19] /14/ die Eindeutigkeit der Beschreibung der Elemente eines Systems verstanden. Bei hoher *Eindeutigkeit* hat der Anwender keinen Zweifel über das Verhalten und die Leistung der Sprachelemente. Bei geringer *Eindeutigkeit* kann er nur eine verschwommene Vorstellung von den Sprachelementen und damit von seinem Modell haben. Ist der Elementevorrat der Beschreibungssprache vorgegeben und begrenzt, so muß außerdem die *Vollständigkeit* der Elemente des Beschreibungsvorrates gefordert werden. Sie sichert das Vorhandensein eines hinreichend *richtigen* und *eindeutigen* Sprachelementes als Stellvertreter für ein reales Element zu.

Für den Bereich der Verknüpfung von Methode, Mensch und Hilfsmittel (VMMH) bedeutet *Anschaulichkeit*, daß die Methode und das Hilfsmittel für den Mensch einfach zu verstehen und damit leicht erlernbar und mit geringer Fehlerwahrscheinlichkeit einsetzbar ist. Eine gute *Überschaubarkeit* der Verknüpfung ist dann gegeben, wenn das Simulationsverfahren nur wenige methodische Elemente und Hilfsmittel notwendig macht. So vereinfacht eine geringe Anzahl von Editoren und deren Funktionselemente die Erstellung von Modellen. Dies reduziert den zeitlichen Aufwand einer Simulationsuntersuchung, weil der Mensch das Verfahren leichter übersieht und bald mit allen Möglichkeiten des Systems vertraut ist. Eine hohe *Leistungsfähigkeit* der Verknüpfung von Methode und Hilfsmittel erlaubt eine schnelle Durchführung des Simulationslaufes und reduziert dementsprechend die Untersuchungsdauer von Modellalternativen. Die *Einfachheit* der Verknüpfung von Methode und Hilfsmittel mit dem Menschen erlaubt einen geringen Eingabeaufwand von Modellen eines Systems und vermindert die Vorbereitungszeit von Simulationsläufen.

---

[19] Im Gegensatz zu Büchel soll hier synonym die Bezeichnung Eindeutigkeit statt Genauigkeit verwendet werden.

Eine hohe *Richtigkeit* der Verknüpfung von Methode und Mensch über ein Hilfsmittel bezieht sich auf die inhaltliche innere Verwandtschaft der Implementierung des Simulationsverfahrens mit dem realen Fertigungsprozeß. Sie erlaubt dem Menschen die *richtige* Ausführung der Methode mit einem Hilfsmittel. In diesem Zusammenhang ist z.B. die *Richtigkeit* des Aufbaus der Modelle von Fertigungsprozessen[20], die *Richtigkeit* von Zufallszahlengeneratoren[21] oder der Ausführung gleichzeitiger Ereignisse[22] zu sehen. Die *Eindeutigkeit* der Verknüpfung von Methode, Mensch und Hilfsmittel bezeichnet dagegen die eindeutige Systembeschreibung der Verknüpfung der Methode und ihrer Vermittlung über das Hilfsmittel. Besitzt ein Verfahren eine gute Eindeutigkeit der Elemente der Verknüpfung von Methode, Mensch und Hilfsmittel, so reduziert sich das Risiko eines Handhabungsfehlers, weil das Simulationsverfahren nicht falsch eingesetzt wird. Die *Vollständigkeit* der Verknüpfung von Methode, Mensch und Hilfsmittel sichert schließlich das Vorhandensein der entsprechenden *richtigen* und *eindeutigen* Hilfmittelelemente zu, damit der Planer seine Simulationsaufgabe ausführen kann. Als Hilfsmittelelemente sind hier z.B. Pfeile zur logischen Verknüpfung der Elemente der Beschreibungssprache, Schnittstellen der Teilnetzwerke des Modells, Werkzeuge zur Fehlererkennung und -beseitigung etc. zu sehen.

---

[20] Der Aufbau eines Modells eines Fertigungsprozesses aus den Elementen der Beschreibungssprache wird durch die VMMH definiert. Die Elemente der Beschreibungssprache werden zu Netzwerken zusammengesetzt, die Teilelemente eines Fertigungsprozesses, wie z.B. Bearbeitungs-, Montage-, Transport- und Lagereinrichtungen, modellieren sollen. So wie eine Drehbank eines bestimmten Typs mehrfach in einem Fertigungssystem auftreten kann, kann sie beliebig oft im Modell des Fertigungsprozesses verwendet werden. Eine hohe Richtigkeit der VMMH bedeutet also in diesem Zusammenhang die realitätsnahe Verwendung der Elemente der Beschreibungssprache.

[21] Ein Maß für die Richtigkeit von Zufallszahlengeneratoren ist der Anschein von Zufälligkeit /40/, der trotz Verwendung von Pseudozufallszahlengeneratoren gewährleistet werden muß.

[22] Bei der Ausführung von Ereignissen zu gleicher Simulationszeit muß entschieden werden, in welcher Reihenfolge die Ereignisse von der Rechenanlage auszuführen sind. Sind die Ereignisse voneinander abhängig, so kann die Reihenfolge der Ausführung einen entscheidenden Einfluß auf den Ablauf des Fertigungsprozesses haben. Die VMMH muß dem richtigen Ablauf des Fertigungsprozesses Rechnung tragen.

3.2 SYSTEMATISCHE ABGRENZUNG VON SIMULATIONSVERFAHREN

3.2.1 ALLGEMEINE SIMULATIONSVERFAHREN

Simulationsverfahren können als Beschreibungssprache zur Modellierung eines realen Systems auch massenbehaftete Gegenstände aus Materialien wie Holz, Kunststoff, Metall etc. verwenden. Modelle mit materiellen Modellelementen können eine unübertroffene Anschaulichkeit bieten. Die Eindeutigkeit gegenständlicher Modelle kann je nach Wunsch des Planers beliebig gut sein.
Nachteilig ist jedoch, daß sich die Realität nur in manchen Belangen mit hoher Richtigkeit abbilden läßt. Eine hohe Richtigkeit ist bei der Abbildung vieler physischer Eigenschaften des realen Systems möglich. Diese Richtigkeit drückt sich, z.B. bei einem materiellen Baukasten-Modell /34/, in einer maßstäblichen Darstellung der Streckenverhältnisse, in den korrekt wiedergegebenen Transport-[23] und Bearbeitungsdauern[24] oder in einer Steuerung, die vom Modell direkt in die Wirklichkeit übertragen werden kann, aus. Ein solches Modell ist vor allem als Funktions- und Demonstrationsmodell geeignet. Die Ergebnisse des Planungsprozesses können - u.U. mit großem Aufwand - bis in die letzte Einzelheit dargestellt werden. Andererseits sind andere Eigenschaften realer Systeme nur mit mangelnder Richtigkeit abzubilden. Will man z.B. mit einem solchen Modell das Störverhalten[25] von Fertigungselementen simulieren, um diese dimensionieren zu können, dann werden sie auf das Störverhalten des Modelles, nicht aber auf das Störverhalten der Realität abgestimmt. Diese beiden Größen müssen aber nicht miteinander korrelieren. Die dadurch verursachten Fehler sind in ihren Ausmaßen kaum abzuschätzen. Die Aussagefähigkeit und damit auch der Nutzen der Simulation ist insbesondere hinsichtlich der Puffergröße gleich Null.

Als Instrument für die Konzeptionsphase, also zum Erarbeiten eines ersten Planungsergebnisses, sind solche Modelle auch deshalb weniger geeignet, weil große Mängel in der

---

[23] Transportieren bezeichnet jede bewußte Ortsveränderung von Gütern und Personen zwischen den einzelnen Bearbeitungsstufen und den Lagerungen (Ringes /28/ und VDI /146/).

[24] Jeder Vorgang, bei dem ein Erzeugnis dem Zustand näher gebracht wird, in dem es den Betrieb verlassen soll, ist als "Bearbeiten" zu verstehen (Ringes /28/).

[25] Eine Störung ist der Ausfall eines Elements des Fertigungsprozesses. Das Störverhalten ist die Reaktion des Systems auf diese Störung. Siehe dazu auch Borchert /4/ und Steffens /35/.

Leistungsfähigkeit der Implementierung des Modells festzustellen sind. Da die Simulation nicht wesentlich schneller als in Echtzeit ablaufen kann, dauert sie z.B. für eine Woche Produktionsgeschehen ebenfalls eine Woche. Man wird daher versucht sein, nur einige wenige kritische Situationen durchzuspielen. Als Folge davon werden die Simulations- bzw. Planungsergebnisse auch bei hohem Simulationsaufwand auf keiner ausreichenden Aussagenbasis[26] stehen, was wiederum die Richtigkeit der Simulation verringert. Überdies weist dieses Simulationsverfahren eine ungenügende Einfachheit auf. Gegenständliche Modelle sind nur schwer zu ändern. Die Bereitschaft des Planers, unterschiedliche Alternativen durchzuspielen, wird damit eingedämmt. Als Ergebnis ist daher nicht die bestmögliche, sondern die erstbeste Alternative zu erwarten.

Im Gegensatz dazu steht die Simulation mit abstrakten Modellen[27]. Sie überwindet alle genannten Nachteile der Simulation mit gegenständlichen Modellen, kann aber sinnvoll nur auf Rechenanlagen durchgeführt werden. Rechnergestützt lassen sich sehr lange und sehr umfassende Aussagenbasen durchleuchten. Setzt man eine problemgerechte Beschreibungssprache voraus, so kann ein Satz von Sprachelementen entwickelt werden, der den Ansprüchen an die genannten Kriterien genügt.

Hauptvorteil rechnerunterstützter Simulationsmodelle ist die hohe Richtigkeit des Verfahrens. Die Übereinstimmung mit der Realität ist wesentlich von der Qualität der erfaßten Daten abhängig. Selbstverständlich ist diese Datenerfassung ein nach wie vor kritisches und weitgehend ungelöstes Problem. Es ist aber allgemeiner Natur und nicht spezifisch für die rechnerunterstützte Simulation.

Als einziger Nachteil bleibt die geringere Anschaulichkeit rechnerunterstützter Simulationen. Zwar ist die exzellente Anschaulichkeit gegenständlicher Modelle noch unerreicht, aber mit dem Einsatz von neuer graphischer Darstellungs-

---

[26] Eine Aussagenbasis ist dann ausreichend, wenn genügend Daten vorliegen, um statistische Aussagen machen zu können, die innerhalb eines geringen Toleranzintervalls liegen. Siehe dazu auch Lindgren /36/.

[27] Ein abstraktes Modell ist die mathematische Formulierung eines Modells, insbesondere der Eigenschaften und des logischen Verhaltens eines einem realen Original ähnlichen Systems. Siehe dazu auch Koxholt /25/.

technik (z.B. CAD[28] und Animation[29]) sind bereits
erhebliche Fortschritte gemacht worden /37/ und weitere
Verbesserungen in Sicht.

3.2.2 RECHNERUNTERSTÜTZTE SIMULATIONSVERFAHREN

Im folgenden werden Simulationen von abstrakten Modellen auf
Rechenanlagen als Lösungsverfahren für die optimierende
Planung von Fertigungsprozessen mit Stückgutcharakter in
Betracht gezogen. Für die weiteren Überlegungen soll
definiert werden (vgl. /35, 38, 39, 40/):

> Simulation von Fertigungsprozessen mit Stückgutcharakter
> heißt Experimentieren mit einem abstrakten Modell
> auf einer Rechenanlage, insbesondere das Betrachten des
> Flusses bewegter Einheiten (Fördergüter, Förderhilfs-
> mittel und Fördermittel) in einem aus Anlagen
> (Maschinen, Lager, Förderstrecken etc.) bestehenden
> Fertigungssystem.

Die Simulation des Flusses diskreter Einheiten durch das
reale Fertigungssystem kann ohne Einschränkung der
Eindeutigkeit als Sequenz diskontinuierlicher Teilprozesse
im Modellsystem abgebildet werden /15, 17, 41, 42/. Durch
diese Vorgehensweise kann die Bearbeitung eines Teils in
einem Fertigungsprozeß als die Änderung des Teils zu einem
Zeitpunkt und dem anschließenden Zeitverbrauch modelliert
werden /43/. Dies erlaubt erhebliche Vereinfachungen bei der
Simulation von Fertigungsvorgängen. Bei allen Systemen zur
diskreten Simulation wird entsprechend verfahren. Die
Simulation wird bei einem bestimmten vorgegebenen
Systemzustand begonnen. Auf einem Zeitstrahl werden die
ersten anstehenden Ereignisse eingetragen. Das erste
Ereignis (z.B. Auslagern bei Anlage A7 bei Zeit 1006) wird
ausgeführt[30], indem eine Maßnahme durch ein
Entscheidungsmodul ausgewählt wird (z.B. Umlagern von Anlage
A7 nach Anlage A19). Diese Maßnahme wird dann durch ein
Ausführungsmodul erledigt. Ein neuer Systemzustand wird
erzeugt, der im allgemeinen ein neues Ereignis (AUS A19) zur
Folge hat. Dieses wird zum entsprechenden Zeitpunkt neu
eingetragen (AUS A19, 1036) und dann zur dieser Zeit

---

[28] CAD steht für den Ausdruck "Computer Aided Design" und bezeichnet
die rechnerunterstützte Zeichnungserstellung.

[29] Nach Brockhaus /44/ ist die Animation das Beleben
unbelebter Objekte. Diese Definition ist hier als das
Beleben unbelebter Bilder (Trickfilm) zu verstehen.

[30] Das erste Ereignis einer Simulation sei zweckmäßigerweise jenes,
welches bei der kleinsten Zeit eingeordnet wurde.

ausgeführt. Das folgende Bild zeigt den genannten Ablauf.

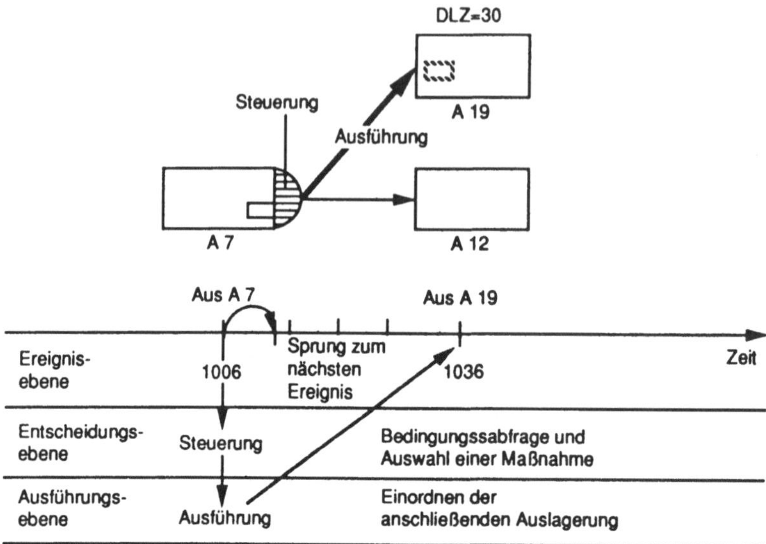

Bild 1: Ebenen zur Ausführung einer Simulation

Die beschriebene Vorgehensweise erzeugt eine Kette von gewünschten Zustandsübergängen:

Zustand a bis Zeit x --> Ereignis+Bedingungsabfrage+Maßnahme
--> Zustand b bis Zeit y

die beispielsweise wie folgt verlaufen kann

Teil in A7 bis Zeit=1006 -->
AUS A7 + Umlagern von A7 nach A19
--> Teil in A19 bis Zeit = 1036

Während dieses Ablaufs werden statistische Daten erfaßt, die die eigentliche Beurteilung des Simulationsexperimentes erlauben. Die Sicherheit der Ausgabedaten kann durch Angabe von Konfidenzintervallen bzw. durch Berechnung der Simulationsdauer für das Erlangen eines bestimmten Konfidenzintervalls berechnet werden /40, 45/.

Grundsätzlich würde es zur Durchführung einer Simulation genügen, nur Daten einzugeben, die eine bestimmte Kette von Zustandsübergängen der interessierenden Zustandsvariablen ablaufen ließe und die zugehörigen Ausgabedaten erstellten. Eine verallgemeinerte Beschreibungssprache für diese Form einer Simulationsdurchführung besteht dann nur aus folgenden Zustands- und Zustandsübergangsbeschreibungen:

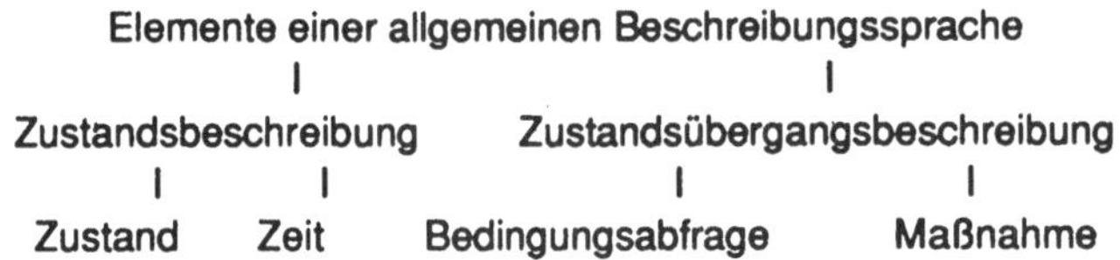

Bild 2: Elemente einer allgemeinen Beschreibungssprache

Diese Vorgehensweise wird von zustandsorientierten Simulationssystemen unterstützt. Der Benutzer bildet ein Fertigungssystem nur mit Daten zur Zustands- und zur Zustandsübergangsbeschreibung ab, die für einen bestimmten Gegenstand einer Untersuchung relevant sind. Die Petrinetz-Theorie ist die bekannteste zustandsorientierte Beschreibungssprache.

Petrinetze /46, 43/ bieten dem Benutzer allgemeine Elemente zur Zustands- und Zustandsübergangsbeschreibung an. Die Stellen (Kreise) können die sog. Marken, die beliebige Daten darstellen können, aufbewahren und somit einen bestimmten Zustand über eine gewisse Zeit aufrechterhalten. Die Transitionen (Rechtecke) enthalten eine vom Benutzer frei eingebbare Schaltbedingung (Bedingungsabfrage), die nach dem Eintreffen einer Marke (Zustand) und der Vorgabe einer bestimmten Zeit abgefragt wird. Diese bestimmt eine Maßnahme, die sofort ausgeführt wird. In einem Fertigungssystem könnte z.B. der Pufferfüllungsstand vor Maschinen interessant sein. Um diesen Sachverhalt abzubilden, würde es genügen, die Maschinen als Stellen mit einer Transition am Eingang abzubilden. Die Transition verwaltet die Kapazität und Durchlaufzeit der Maschine und gibt Marken in die nachfolgende Stelle nach Beendigung ihrer Arbeit weiter. Die Puffer vor den Maschinen könnten als Stellen mit einem Inhaltszähler ausgerüstet werden, aus denen nur Teile entnommen werden, wenn die Transition am Maschineneingang eine Marke übernehmen will. Ein Netzwerk solcher Elemente gibt den Fluß der Teile an, und Weichenbausteine als Transitionen verteilen das Material in

Abhängigkeit bestimmter Bedingungen. Folgendes Bild verdeutlicht dieses Beispiel:

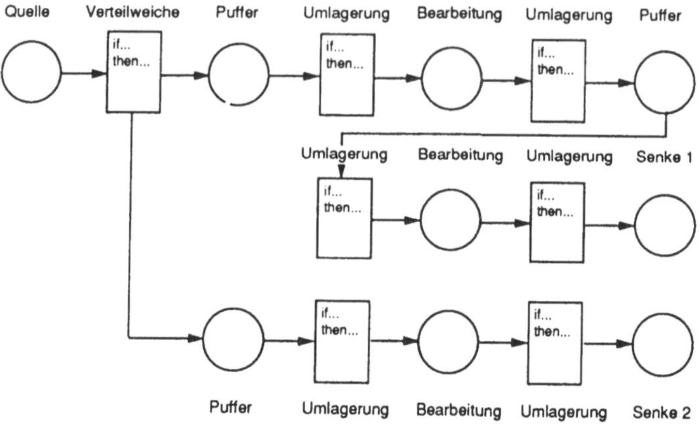

Bild 3: Beispiel einer Fertigungslinie in Petrinetz-
        darstellung

Vorteilhaft ist, daß die Beschreibungssprache der Petrinetze
sehr wenige, einfache und abstrakte Elemente einsetzt. Man
kann damit sehr flexibel jede Art von Zustands- und
Zustandsübergangskette abbilden. Dadurch wird die Forderung
nach Eindeutigkeit, Vollständigkeit und Überschaubarkeit
erfüllt. Eine hohe Richtigkeit der Petrinetzmodelle kann
durch Verschachtelung von Teilnetzen erreicht werden.
Allerdings nimmt durch eine große Zahl von hierarchisierten
Teilnetzen wiederum die Überschaubarkeit der Verknüpfung von
Methode, Mensch und Hilfsmittel ab. Nachteilig ist, daß mit
den vorgegebenen Sprachelementen nur eine geringe
Anschaulichkeit gegeben ist. Mit nur zwei Elementen, Stelle
und Transition, müssen Netzwerkmodelle aufgebaut werden.
Auch besitzt diese Beschreibungssprache nur eine geringe
Einfachheit. Die Transitionen müssen durch ein Programm,
das das Steuerungsverhalten dieses Elements definiert,
erstellt werden. Die Leistungsfähigkeit der Petrinetzmethode
wird durch das Vorkompilieren der Programme in den
Transitionen eingeschränkt[31].

Die Nachteile einer zustandsorientierten Beschreibungssprache können durch einen anwendungsnäheren Ansatz

[31] Hier sei auf das Verfahren NET /47/ verwiesen, das die Simulation
     mit Petrinetzen einsetzt.

überwunden werden. Zur Verbesserung der Anschaulichkeit
werden die Gegenstände eines Fertigungssystems (z.B.
Maschinen, Stauförderer, Drehtische, Paletten etc.) als
anwendungsnahe Elemente der Beschreibungssprache angeboten.
Diese Elemente enthalten bereits vordefinierte Zustands-
(z.B. Länge, Durchlaufzeit, maximale Kapazität etc.) und
Verhaltensbeschreibungen (z.B. Umlagerungs-, Blockier-
mechanismen etc.). Ein Modell aus solchen Elementen besitzt
dann allerdings hinsichtlich einer bestimmten Nutzung des
Modells mehr Informationsgehalt, als zur Simulation einer
einzelnen eigentlich interessierenden Zustandskette nötig
wäre. Dies wird aber gerne in Kauf genommen, da die
Verwendung vorbereiteter Fertigungselemente für einen Planer
in der Praxis wesentlich anschaulicher und einfacher ist,
als nur eine bestimmte, interessierende Zustandskette
herauszufinden und durch abstrakte Elemente zu beschreiben.
Eine gegenstandsorientierte Beschreibungssprache eines
Simulationsverfahrens soll wie folgt definiert werden (vgl.
/48/):

Eine gegenstandsorientierte Beschreibungssprache für
Fertigungssysteme dient der Abbildung eines
Fertigungssystems durch vorgegebene Sprachelemente, die
die Systemelemente des Fertigungsprozesses möglichst
realitätsnah beschreiben.[32]

Im Gegensatz zu der Petrinetzmethode, die mit Stellen und
Transitionen nur ein sehr einfaches und unspezifisches
Grundverhalten anbietet, werden die Elemente einer
gegenstandsorientierten Beschreibungssprache durch teilweise
vorgegebene Attribute und Steuerungen für die Zustands- und
Zustandsübergangsbeschreibungen für die Anwendungen des
Planers vorbereitet /31/ (siehe Bild 4).

---

[32] Ein Fertigungsprozeß ist als System, das aus Systemelementen
aufgebaut ist, zu verstehen. Diese werden Sprachelementen
gegenübergestellt, die eine Abbildung dieser Systemelemente in
einem Modell erlauben.

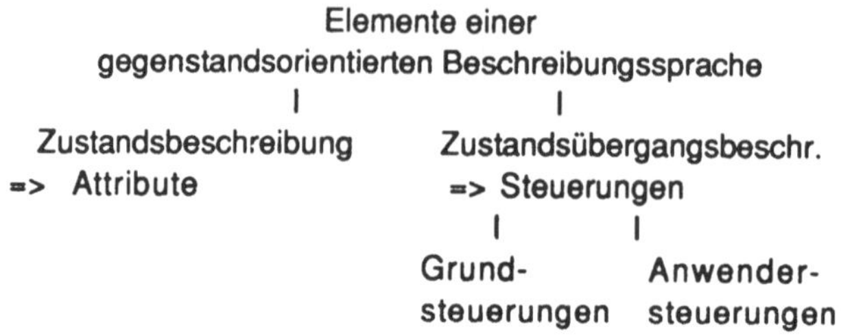

<pre>
                      Elemente einer
          gegenstandsorientierten Beschreibungssprache
                      | |
        Zustandsbeschreibung   Zustandsübergangsbeschr.
          => Attribute   => Steuerungen
                                      | |
                                   Grund-   Anwender-
                                   steuerungen steuerungen
</pre>

Bild 4: Elemente einer gegenstandsorientierten
        Beschreibungssprache

Die Elemente einer gegenstandsorientierten
Beschreibungssprache repräsentieren Fertigungselemente.
Fertigungselemente enthalten Attribute und Steuerungen.
Attribute sind Parameter (z.B. Länge, Kapazität
Durchlaufzeit), die die Elemente eines Fertigungssystems in
ihren Eigenschaften[33] beschreiben. Für die Modellierung der
Attribute der Fertigungselemente werden bei den Elementen
der Beschreibungssprache ebenfalls entsprechende Attribute
vorgesehen. Steuerungen enthalten Regeln[34], die das
Verhalten[35] der Fertigungselemente beschreiben. Für die
Modellierung des Verhaltens der Fertigungselemente werden
die Steuerungen der Sprachelemente in Grund- und
Anwendersteuerungen gegliedert. Grundsteuerungen definieren
ein Grundverhalten der gegenstandsorientierten
Sprachelemente, das ihnen bereits bei der Systementwicklung
mitgegeben wird (z.B. Ereignis "Auslagern" zur Zeit =
Laufende Simulationszeit + Durchlaufzeit einordnen oder
"Blockieren", wenn der Nachfolger voll belegt ist). Es kann
nicht durch den Anwender verändert werden.
Anwendersteuerungen beschreiben dagegen das für den
jeweiligen Anwendungsfall angepaßte Spezialverhalten, das
erst durch den Benutzer eingegeben werden kann, weil es
vorher nicht bekannt war (z.B.: wenn Teil rot, dann nach

---

[33] Eigenschaften entsprechen dem abstrakten Datentyp.
Sie bestehen aus einer Wertemenge und darauf definierten
Operationen. Im Zusammenhang mit der Modellierung von
Fertigungssystemen bedeutet dies, eine für ein Fertigungselement
relevante Eigenschaft (z.B. die Länge eines Teils) wird als
Attribut dieses Gegenstands zur Verfügung gestellt. Operationen,
die auf dem Längenattribut ausgeführt werden, könnten Abfragen
der Länge oder Neuzuweisung des Wertes der Länge sein.

[34] Regeln bestehen aus Bedingungen unter denen bestimmte Maßnahmen
ausgeführt werden.

[35] Unter Verhalten soll die Auswirkung von Aktionen auf die Elemente
beschrieben werden.

Anlage x, sonst nach Anlage y umlagern). Enthält ein Sprachelement eine Verhaltensbeschreibung, so kann es selbständig Entscheidungen fällen, deren Maßnahmen dann von dem Ausführungsmodul ausgeführt werden. Sprachelemente mit einem definierten Verhalten (Steuerungen) sollen hier als aktive Elemente bezeichnet werden. Sprachelemente, die nur aus Attributen bestehen, werden passive Elemente genannt. Mit diesen vorbereiteten Sprachelementen können Fertigungssysteme modelliert werden. Ein Gabelstapler, der Güter auflädt, transportiert und ablädt, eine Montagestation, die aus verschiedenen Teilen einen Motor montiert oder ein Zellenrechner, der veranlaßt, daß zu einer Fertigungszelle neue Spritzgußteile angeliefert werden, können in ihren Eigenschaften und Verhalten modelliert werden, wenn das Simulationsverfahren dies mit geeigneten Sprachelementen unterstützt. Es wird deutlich, daß es auch in einem realen Fertigungssystem Zustands- und Zustandsübergangsbeschreibungen für die Elemente gibt. Elemente, die ihren Zustand selbst nicht verändern können, können vollständig mit ihren Eigenschaften beschrieben werden und werden entsprechend als passive Elemente bezeichnet. Elemente, die Zustandsübergänge veranlassen können, benötigen dazu zusätzlich eine Zustands- übergangsbeschreibung und werden als aktive Elemente bezeichnet. Somit gilt folgende Zuordnung:

Elemente von Fertigungssystemen
Elemente von Beschreibungssprachen

| |

Zustandsbeschreibung   Zustandsübergangsbeschr.
I<-passives Element->I
I<-aktives   Element-------------------------------->I

Bild 5: Definition von aktiven und passiven Elementen

Bedingt durch die große Anzahl verschiedener Elemente in Fertigungssystemen, ist es zweckmäßig diese in folgende Elementbereiche weiter zu untergliedern:

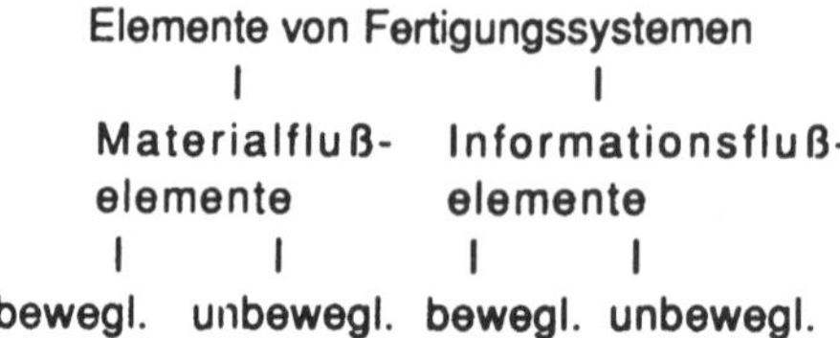

Bild 6: Stuktur der Elemente von Fertigungssystemen

Bei den betrachteten Simulationsuntersuchungen ist das eigentliche Objekt einer Planung der Materialfluß, weil er die Gegenstände betrifft, die in dem betrachteten System gefertigt werden sollen. Der Informationsfluß unterscheidet sich vom Materialfluß dadurch, daß Informationen i.a. wesentlich schneller fließen als Materialien und deshalb die Durchlaufzeiten von Informationen i.a. in einer Planungsuntersuchung vernachlässigt werden können. Fallen sie dennoch ins Gewicht, so müssen Informationen in einem Simulationsmodell als Teil des Materialflusses abgebildet werden oder explizit durch eine Anwendersteuerung in ihrer Übertragungszeit verzögert werden. Bewegliche und unbewegliche Elemente werden getrennt gegliedert, weil bewegliche Elemente (BE) keinen festen Standort und keine feste Nachfolger-, Vorgängerbeziehungen haben. Alle Elementklassen können entsprechend obiger Definition aktive und passive Elemente besitzen.

Eine verbesserte Anschaulichkeit und Einfachheit wird bei gegenstandsorientierten Verfahren durch die Vorgabe anwendungsnaher für die Simulation von Fertigungselementen sinnvoller Attribute und Steuerungen erreicht. Eine verbesserte Anschaulichkeit einer gegenstandsorientierten Beschreibungssprache allein macht allerdings ein Verfahren nicht notwendigerweise zu einem geeigneten Werkzeug für eine Planung. Bekannte Verfahren müssen anhand der verbleibenden Kriterien noch eingehend untersucht werden.

3.2.3 Gegenstandsorientierte Simulationsverfahren

Simulationsverfahren mit gegenstandsorientierter Beschreibungssprache sind schon in großer Zahl entwickelt worden. Zunächst versuchte man Unterprogrammbibliotheken als Elemente für die Modellierung zur Verfügung zu stellen /25, 49, 50/. Jedes Unterprogramm beschreibt dabei ein bestimmtes

Element einer Fertigung. Diese Beschreibungselemente können z.B in Fortran-Programme eingebunden werden. Beim Aufruf der Unterprogramme werden Parameterlisten übergeben, um das eingesetzte Sprachelement in seiner Zustands- (ZB) und Zustandsübergangsbeschreibung (ZÜB) näher zu bestimmen (z.B. ein Unterprogramm, das eine Bearbeitungsstation modelliert, benötigt die Parameter Vorgänger, Nachfolger, Durchlaufzeit, Kapazität etc.). Das vom Benutzer erstellte Modell bildet ein Programm, das erst nach dem Übersetzen und Binden lauffähig ist. Der Einsatz von Unterprogrammen als Sprachelemente bietet eine hohe Eindeutigkeit, wenn der Quellcode oder seine exakte Beschreibung bekannt ist. Die Verwendung von Unterprogrammelementen bietet die Möglichkeit, Modelle hoher Richtigkeit zu entwerfen, da spezielle, in der vorgegebenen Sprache nicht vorhandene Modelleigenschaften durch das aufrufende Programm in einer allgemeinen Programmiersprache nachgebildet werden können. Allerdings reduziert sich dadurch die Einfachheit der Eingabe von Sprachelementen erheblich und führt zu einer deutlichen Aufwandserhöhung bei der Modellerstellung. Auf die gleiche Weise kann eine mangelhafte Vollständigkeit der Beschreibungssprache vervollkommnet werden. Die Überschaubarkeit des Sprachumfanges ist selten gewährleistet. So enthält z.B. SLAM II eine Vielzahl von Sprachelementen, zu denen der Benutzer noch zusätzliche Unterprogrammbausteine durch Selbstprogrammierung hinzufügen kann. Unterprogrammelemente werden innerhalb eines Programmes in einer allgemeinen Programmiersprache zu einem Modell zuammengefügt. In der nachfolgenden Abbildung wird die Vorgehensweise bei der Unterprogrammodellierung am Beispiel des Simulationsverfahrens SLAM II /49/ mit der Abbildung einer einfachen Fertigungslinie gezeigt.

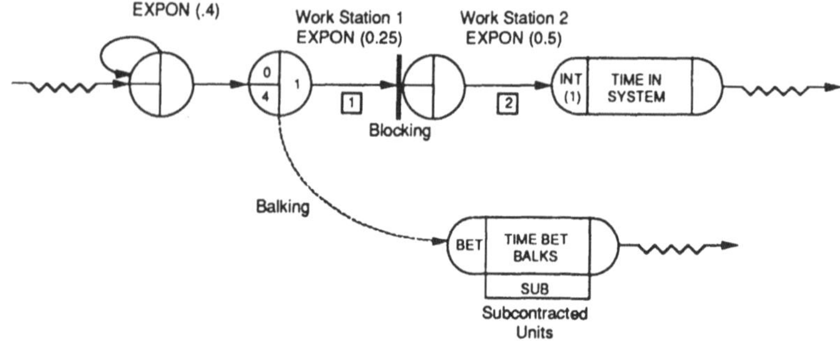


```
 1  GEN,C. D. PEDGEN,SERIAL WORK STATIONS,7/14/77,1;
 2  LIMITS,2,1,50;
 3  NETWORK;
 4      CREATE,EXPON(.4),,1;              CREATE ARRIVALS
 5      QUEUE(1),0,4,BALK(SUB);           STATION 1 QUEUE
 6      ACT/1,EXPON(.25);                 STATION 1 SERVER TIME
 7      QEUE(2),0,2,BLOCK;                STATION 2 QUEUE
 8      ACT/2,EXPON(.50);                 STATION 2 SERVER TIME
 9      COLCT,INT(1),TIME IN SYSTEM,20/0/.25;   COLLECT STATISTICS
10      TERM
11 SUB  COLCT,BET,TIME BET. BALKS;        COLLECT STATISTICS
12      TERM;
13      END
14  INIT,0,300;
15  FIN;.
```

Bild 7: Beispiel der Modellierung einer Fertigungslinie mit
        dem unterprogrammbasierten Simulationssystem SLAM
        /49/

Dieses Verfahren bietet für die Verknüpfung von Methode,
Mensch und Hilfsmittel nur eine geringe Einfachheit, weil
die Verwendung von Unterprogrammen viele Fehler zuläßt und
damit die Erstellung dieser Modelle sehr zeitaufwendig ist.
Der Planer ist gezwungen über Programmierkenntnisse zu
verfügen, was den Einsatz dieser Verfahren stark behindert.
Schließlich wird unabhängig von dem Rechner, auf dem ein
solches Verfahren implementiert ist, die Leistungsfähigkeit
des Verfahrens eingeschränkt sein, da vor dem Start eines
Simulationslaufes das Modell übersetzt und "gebunden" werden
muß.

Um die genannten Nachteile unterprogrammbasierter Verfahren
zu umgehen, wurden parametrische Modellierungsverfahren
entwickelt. Dabei wird das gesamte Simulationsmodell nur

durch Parameter beschrieben, die auf einem Datensatz abgelegt werden. Über Parameter können nicht nur die Attribute und Steuerungen von Elementen angesprochen werden, sondern zusätzlich auch noch die Elemente des Modells selbst, durch Eingabe einfacher Nummercodes, aufgerufen werden. Dadurch ist eine wesentliche Reduzierung des Aufwandes möglich, da Modelle einfach erstellt werden können. Die nachfolgende Abbildung zeigt am Beispiel von SIMULAP, wie für das gleiche Beispiel wie im vorigen Bild ein Modellnetzwerk als Parameterdatensatz beschrieben werden kann.

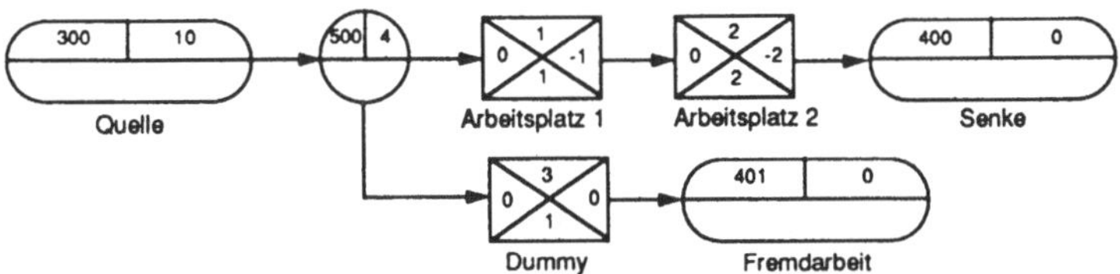

Beispiel 1

  3 Anlage-Daten

  1 - 1   1   0   2800   0   0

  2 - 2   1   0400   1   0   0

  3   0   1   0800401 0   0

  1 Quelle-Daten

300 1 0   1   10   1   1

  2 Senke-Daten

400 2   0

401 3   0

  1 Verteilpunkt-Daten

500 4 1 3 0 0 0 0 0 0

Bild 8: Beispiel der Modellierung einer Fertigungslinie mit SIMULAP/83/

Zur Simulation wird der Modelldatensatz eingelesen und interpretiert. Ein Übersetzen und "Binden" ist nicht notwendig, so daß die Modellerstellungszeit erheblich reduziert und die Leistungsfähigkeit gegenüber den Unterprogrammverfahren entscheidend verbessert werden kann. Um Änderungen am Modell einzugeben, braucht nur der Datensatz editiert zu werden und ein neuer Simulationslauf kann sofort gestartet werden. Die Eindeutigkeit und

Richtigkeit der Elemente eines parametrischen Verfahrens kann durch den Systementwickler nach Belieben eingestellt werden. Allerdings kann der Anwender die angebotenen Sprachelemente, abgesehen von den Anwendersteuerungen, nicht verändern. Daraus ergibt sich der wesentlichste Nachteil der parametrischen Verfahren, weil von den Systementwicklern stets nur eine geringe Anzahl von spezialisierten Sprachelementen angeboten werden kann, die dann zwar eine hohe Übersichtlichkeit, aber nur für einen eingeschränkten Anwendungsbereich eine zuverlässige Richtigkeit bieten können.

Für die Simulation von Stückgutprozessen gibt es daher unterschiedliche Auffassungen, die einerseits die unterprogrammbasierte und andererseits die parametrische Modelliermethode unterstützen. Die Befürworter der unterprogrammbasierten Modellelemente sind der Meinung, daß Fragestellungen, die bei der Simulation von Stückgutprozessen betrachtet werden sollen, jedesmal anders sind, und ein flexibles Simulationswerkzeug, das eine hohe Richtigkeit für weite Anwendungsbereiche bietet, eingesetzt werden muß. Deshalb ließe sich die Modellierung nur mit der unterprogrammbasierten Beschreibungssprache unterstützen. Die Befürworter der parametrischen Modellelemente sind dagegen der Meinung, daß Fragestellungen, die bei der Simulation von Stückgutprozessen betrachtet werden sollen, stets vergleichbar sind. Die Modellierung läßt sich nach deren Vorstellungen mit geringerem Aufwand mit parametrischen Bausteinen durchführen /51/. Beide Ansichten haben ihre Berechtigung, gelten aber für verschiedene Einsatzarten der Simulationstechnik. Sollen spezielle Systemeigenschaften, insbesondere sehr komplexe Anwendersteuerungen abgebildet werden, für die die Beschreibungssprache eines parametrischen Verfahrens keine ausreichende Richtigkeit bieten kann, wird man diese nur mit einer unterprogrammbasierten Sprache verwirklichen können. Auf der anderen Seite fallen in der Praxis des Planers viele vergleichbare Fragestellungen an. Für die Bearbeitung solcher Probleme sind Systeme mit parametrischer Beschreibungssprache hinreichend richtig und werden wegen des wesentlich geringeren Aufwandes bevorzugt. Ein Ansatz, der die Vorteile beider Verfahrenstypen nutzt, wird angestrebt. Attribute, Elementsteuerungen und einfache Anwendersteuerungen werden parametrisch eingegeben. Für die Definition komplexer Anwendersteuerungen bieten parametrische Verfahren oft jedoch nur Programmierschnittstellen für den Planer an. Sie kann natürlich für den Planer keine echte Hilfe sein, weil das Programmieren in einer allgemeinen Programmiersprache zu einer unzulässigen Aufwandserhöhung führt. Spezielle Anwendersteuerungen über Parameter einzugeben würde zu einer wesentlichen Aufwandsverminderung und Aussagefähigkeitsverbesserung führen. Ein Lösungsansatz soll in diesem Beitrag dargestellt werden.

Unterprogrammbasierte und parametrische Verfahren können noch weiter untergliedert werden, wenn man die Abbildung des Materialflusses in den Modellen betrachtet. Die erste Möglichkeit verwendet ein Netzwerk, um den Fluß der Materialien abzubilden. Jeder einzelne Modellbaustein wird über Vorgänger- und Nachfolgerbeziehungen mit anderen verknüpft. Die Materialien bewegen sich dann entlang der entsprechenden Verbindungen. Dieses Verfahren ist für die Abbildung von liniengebundenen Fertigungssystemen[36] einfacher und anschaulicher, da schon beim Aufbau des Modells zweckmäßigerweise die Materialflußverkettung der Fertigungslinie eingegeben wird, und ein solches Modell somit leicht verständlich ist. Die zweite Möglichkeit setzt alleinstehende Elemente ein, die nur durch gesonderte Verknüpfungspläne, wie z.B. Arbeits- oder Fahrpläne, verbunden werden. Dieses Vorgehen ist einfacher und anschaulicher bei der Darstellung einer Werkstattfertigung[37]. Dort kann Material meist von jeder Fertigungseinrichtung zu jeder anderen gebracht werden, so daß eine große Zahl möglicher Verknüpfungen besteht. Diese können am einfachsten als Plan, z.B. als Transportmatrix, eingegeben werden. In der vernetzten Darstellung wäre eine große Anzahl von Verbindungslinien notwendig. Folgendes Bild zeigt die Gliederung der gegenstandsorientierten Simulationssysteme mit den Namen der für die vorliegende Arbeit untersuchten Werkzeuge:

---

[36] Linienfertigung oder Fließfertigung ist durch zwei charakteristische Merkmale gekennzeichnet: Die räumliche Anordnung der Produktionsmittel und Arbeitsplätze entspricht dem Fertigungsprozeß. Hinzu kommt, daß die Kapazität der einzelnen Arbeitsplätze im Interesse eines fließenden Fertigungsablaufs aufeinander abgestimmt werden kann (vgl. Aggteleky /1/).

[37] Die Werkstattfertigung beruht auf dem Prinzip, bei dem das Fertigungsgut nicht eine für alle Teile feste Arbeitsfolge, sondern eine Reihe von spezialisierten Arbeitsplätzen durchläuft. Diese Arbeitsplätze werden nach ihrer Funktion in Werkstätten zusammengefaßt. Die Produktion erfolgt meistens in Losen, wodurch hier bestimmte Vorteile der Serienfertigung verwirklicht werden können (s. dazu Aggteleky /1/ und Dolezalek /52/).

Bild 9: Gliederung der gegenstandsorientierten Simulationswerkzeuge

Die folgenden Untersuchungen werden auf parametrische
Simulationsverfahren begrenzt, weil diese den Anforderungen
des Planers nach geringem Aufwand gerecht werden. Es sollen
weiterhin nur Beschreibungssprachen mit netzorientierten
Elementen betrachtet werden, da in Fertigungssystemen eine
große Zahl liniengebundener Transporte /1/ vorkommen und die
Eingabe von Materialflußnetzwerken für den Planer die
anschaulichste Methode der Modellerstellung ist.

4. UNTERSUCHUNG HERKÖMMLICHER NETZORIENTIERTER, PARAMETRISCHER SIMULATIONSVERFAHREN

Obwohl Verfahren mit parametrischer Modellierung die Methode mit dem geringsten Aufwand zur Durchführung von Simulationsuntersuchungen bieten /65/, werden sie trotzdem nur sehr selten und nur von einzelnen Personen, die Experten für die Anwendung von Simulationstechniken sind, eingesetzt. Der breite Einsatz bei den Planern steht noch aus /89/. Eine Erklärung dafür ist in Schwächen der Beschreibungssprache oder der Verknüpfung der Methode mit Mensch und Rechner zu finden.

4.1 BESCHREIBUNGSSPRACHE

In gegenstandsorientierten Beschreibungssprachen wird dem Anwender ein Satz von Sprachelementen zur Abbildung von Fertigungselementen angeboten. Der Elementsatz muß einerseits sinnvoll strukuriert sein und andererseits eine zweckmäßige Abbildung der Fertigungselemente erlauben. Diese Punkte sollen für herkömmliche Verfahren untersucht werden.

4.1.1 SYSTEMATIK DER ABBILDUNG VON FERTIGUNGSELEMENTEN

In einem Fertigungsprozeß führen aktive Elemente Operationen auf passiven Elementen aus. Dies gilt sowohl für Materialflußelemente als auch für Informationsflußelemente. Passive Elemente sind nicht in der Lage Aktionen auszuführen. Aktive Elemente eines Materialflusses sind solche, die in der Lage sind, bewegliche Elemente in ihren Eigenschaften, Lage oder Ort durch Handlungen zu verändern. Es gibt bewegliche und unbewegliche passive und aktive Elemente. In allen genannten herkömmlichen Verfahren werden jedoch alle beweglichen Elemente als passive und alle unbeweglichen als aktive Elemente abgebildet. Alles Bewegliche passiv und alles Unbewegliche aktiv darzustellen, ergibt eine unrichtige Trennungslinie, die wichtige Elemente des realen Materialflusses nicht entsprechend ihren wirklichen Eigenschaften und unanschaulich abbildet. Selbst bei Verfahren wie SIMGRAF, INSIMAS, MUSIK etc., die auf die Darstellung von FTS-Fahrzeugen spezialisiert sind, ist eine richtige Abbildung der in der Realität aktiven Fördermitteln (FM) nur oberflächlich möglich, da sie diese als passive bewegliche Elemente[38] abbilden. Sie haben bei herkömmlichen Systemen keine eigenständige Beschreibung ihres Verhaltens und keine Anbindung an eine übergeordnete Steuerung. Sie können sich nicht selbständig ihre Fahrtroute suchen und Teile be- und entladen. Vielmehr muß auf umständlichste Art in jeder Wegverzweigung ein Teil der Zielsteuerung des FM implementiert werden. Auch das Be- und Entladen des FM und viele andere Eigenschaften werden von den Wegstrecken übernommen. Dies bedeutet eine unwirtschaftliche Erhöhung des Eingabeaufwandes und ist eher eine Entfremdung von den realen Vorgängen als ihre naturgetreue und damit auch anschauliche und richtige Abbildung. Passive Fertigungselemente fälschlicherweise als aktive abzubilden hat weniger negative Folgen. Dennoch wird hier unnütze Leistung des Verfahrens angeboten. Natürlich ist es möglich, wie z.B. in SIMULAP, Lagerregale, die durch FM aus der Produktion ver- und entsorgt werden, als aktive Bausteine abzubilden. Dennoch ist dies grundsätzlich nicht richtig, da tatsächlich das aktive FM die notwendigen Steuerungen und Handlungen ausführt und das passive Regal ein Gut aufgesetzt bekommt.

4.1.2 ABBILDUNG VON MATERIALFLUSSELEMENTEN

Auch bei der Abbildung der Materialflußelemente gibt es Mängel. Viele Systeme, wie z.B. DOSIMIS III /81/, INSIMAS /74/, GRAFSIM /71/, SAME /77/, MUSIK /13/, etc. benutzen problemorientierte Bausteine, die eine bestimmte Funktion innerhalb einer Fertigung exakt darstellen. So kennt DOSIMIS III fest vorgegebene Elemente, wie Staustrecke, Aus- und Einschleuser, Pulkstrecke, Drehtisch, Bearbeitungsstation etc.. MUSIK verwendet wieder eine andere Kombination aus Bausteinen, die FTS-Förderstrecken, Auf- und Abgabestationen, Bearbeitungsplätze, etc. abbilden. Die Wahl der Bausteine zeichnet sich bei all diesen Systemen durch hohe Anschaulichkeit, Einfachheit und Richtigkeit aus. Nachteilig ist jedoch die mangelhafte Vollständigkeit. Es kann nur eine endliche Anzahl von realen Fertigungselementen (FE) treffend dargestellt werden. Elemente, die nicht im Bausteinkatalog enthalten sind, können nicht exakt abgebildet werden. Es ist allenfalls eine Darstellung durch ähnliche Bausteine möglich. Die genannten Verfahren sind

---

[38] Als Bewegliches Element (BE) im Simulationssystem erscheinen alle nicht stationären, also bewegten Elemente. Zu diesen zählen Fördermittel (Gabelstapler, Regalfahrzeuge, Förderzeuge etc.), Förderhilfsmittel (Werkzeugträger, Paletten, etc.) und Fördergüter (Kleinteile, Teilesätze, etc.). Vgl. dazu auch Steffens /35/

deshalb nur für die Modellierung spezieller Teilsysteme von
Fertigungen, wie z.B. einer FTS-Anlage, geeignet. Möchte man
das System für einen breiteren Anwendungsbereich einsetzen,
so ist eine Neuprogrammierung von weiteren
Materialflußelementen zur Vervollkommnung des Kataloges
unabdingbar. Da natürlich in der Realität eine fast
unendlich große Anzahl an Varianten von Fertigungselementen
vorkommt, werden solche Systeme nie abgeschlossen sein.

Andere Verfahren versuchen diesen Nachteil durch
abstrahierende Sprachelemente zu überwinden. Sie bieten
durch eine endliche Anzahl einen vollständigen Satz von
Elementen zum Aufbau eines Modells an /83/. So verwendet
z.B. SIMULAP nur "Anlagen" und "Modellgrenzen" zur
Modellierung aller vorkommenden aktiven Elemente /90, 43,
91/ (s. Bild 10).

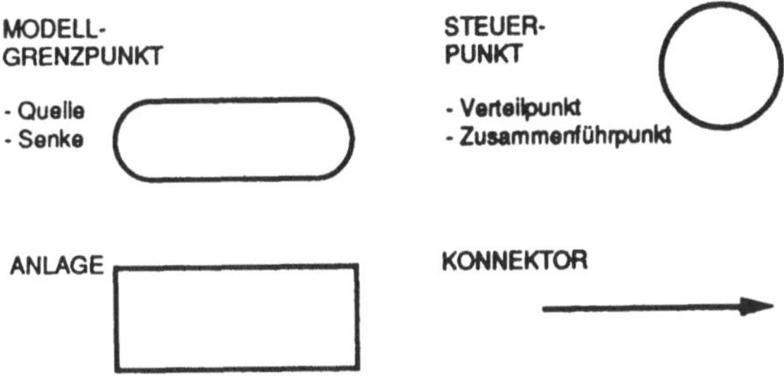

Bild 10:   Modellelemente von SIMULAP

Durch die geringe Anzahl der Sprachelemente in SIMULAP wird
zusätzlich auch noch eine hohe Übersichtlichkeit
gewährleistet. Trotz der geringen Anzahl zeichnen sich die
Sprachelemente auch durch hohe Einfachheit aus. Das
Anlagenelement SIMULAP bildet alle zeitverbrauchenden
Prozesse einer Fertigung ab. Es ist nicht mehr notwendig,
ständig neue Materialflußelemente hinzuzuprogrammieren.
Natürlich wird bei einer solchen Vorgehensweise die
Anschaulichkeit spezialisierter Bausteine nicht erreicht.
Ebenfalls erhält man nur eine mittlere Richtigkeit. Bei dem
Beispiel SIMULAP hat die Anlage ein Stauverhalten ähnlich
einer "Rutsche". Die transportierten Teile "rutschen" bei
der Blockierung des Ausganges alle nebeneinander am Ausgang
auf. Der Eingang wird erst blockiert, wenn die Anzahl der
Teile die Kapazität der Anlage erreicht hat. Dieses
Verhalten ist zwar zur Abbildung von Rutschen nahezu
korrekt, aber falsch, wenn z.B. Bandförderer, Kettenbahnen

oder gar Maschinen und Läger modelliert werden sollen. Es wird deutlich, daß auch die Verfahren mit abstrakten Sprachelementen Schwächen besitzen, die vor allem in der Anschaulichkeit und bei vielen Anwendungen auch in der Richtigkeit zu entdecken sind.

Ein verbessertes Verfahren muß die Schwächen der anwendungsnahen und abstrakten Beschreibungssprachen überwinden. Es muß eine ausreichend richtige und anschauliche Abbildung mit einer vollständigen und übersichtlichen Anzahl von Sprachelementen erreichen. Ein Sprachenkonzept, das die Funktionen von Fertigungselementen abstrahiert, ist für die Erfüllung der Forderung nach Vollständigkeit und Übersichtlichkeit notwendig. Es darf jedoch nicht nur das Verhalten eines bestimmten Fertigungselementes allein wie z.B. bei SIMULAP das der "Rutsche" beinhalten. Andere Elemente von Fertigungsprozessen haben z.B. ein anderes Stauverhalten. Durch Bereitstellen entsprechender Sprachelemente ist dafür zu sorgen, daß jede Art von Teileverhalten innerhalb von Anlagen richtig, überschaubar und anschaulich abgebildet werden kann.

4.1.3 ABBILDUNG VON INFORMATIONSFLUSSELEMENTEN

Herkömmliche, parametrisierte Simulationssysteme erlauben einen einfachen Einsatz von Steuerungen durch katalogisierte und parametrisierte Steuerungselemente. Diese haben ein festgelegtes Verhalten, das durch die Eingabe von Parametern in Grenzen variiert werden kann. Z.B. muß für die Eingabe einer getakteten Verteilsteuerung in SIMULAP nur die Steuerungsnummer und die Nachfolger in der Taktreihenfolge angegeben werden. Diese Methode ist sehr einfach anwendbar und erlaubt jedem Planer in der Praxis die schnelle, fehlerfreie und damit einfache Eingabe von Steuerungen. Sie besitzt nur einen Nachteil. Der Katalog solcher fest vorgegebener Spezialsteuerungen reicht für alle Steuerungsprobleme eines Fertigungssystems nicht aus und kann deshalb nicht vollständig sein. Neue Steuerungen müssen ständig vom Ersteller des Systems oder dem Anwender (bei vorhandener Programmierschnittstelle, wie in DOSIMIS III und SIMULAP) neu programmiert werden. Damit können zwar alle denkbaren Steuerungen erstellt werden, doch ist eine Programmierung in einer allgemeinen Programmiersprache immer sehr fehleranfällig und zeitaufwendig. Erfahrungsgemäß kann, z.B. bei SIMULAP, die Steuerungsprogrammierung bis zu zwei

Drittel des Projektaufwandes betragen. Diese Tatsache macht den breiten Einsatz von parametrischen Steuerungskatalogen in der Praxis so aufwendig, daß viele Planer auf die Nutzung des Werkzeuges der Simulation verzichten müssen /92, 93/.

Ein verbessertes System muß hier mit überschaubaren und vollständigen Steuerungselementen, die auf einfache Art zu einer spezialisierten Steuerung zusammengesetzt werden können, Abhilfe schaffen. Ansätze müssen dazu in der "Parametrisierung von Steuerungselementen" gesucht werden. Gelingt es auch spezialisierte Anwendersteuerungen durch Steuerungselemente mit Parametereingabe aufzubauen, so kann ein Simulationsverfahren erstellt werden, das auch in Bezug auf spezialisierte Anwendersteuerungen Fertigungsprozesse mit geringem Aufwand modellierbar macht.

4.2 VERKNÜPFUNG VON METHODE, MENSCH UND RECHNER

Bei der Untersuchung herkömmlicher Simulationssysteme können Schwächen in der Anschaulichkeit der Verknüpfung der Simulationsmethode, der Rechenanlage und dem Mensch als Planer erkannt werden. Die Simulationstechnik ist für den Planer im allgemeinen ein fremdes Werkzeug. Sie bedarf geistiger Arbeit und Erfahrung bis korrekte Simulationsmodelle entworfen werden. Zusätzlich muß er sich an die ungewohnte Benutzeroberfläche eines Rechners und Simulationssystems gewöhnen. In MOMOS /94/, MUSIK /13/, SEE WHY /78/, SIMIS /109/, DOSIMIS III /81/[39], SIMULAP /83/ etc. können Sprachelemente nur über Masken eingegeben werden. Das eigentliche Materialflußnetzwerk, das bei der Eingabe des Modells erstellt wird, ist nicht sichtbar. Ebenso ist die Überschaubarkeit gering. Der Anwender findet sich bei obigen Systemen in einer Vielzahl von Programmen und Masken nur schwer zurecht. Er muß sich erst einmal über Datensätze, Formate, Programmteile und andere rechnerspezifische Probleme informieren, anstatt sich auf die neue Methode der Simulation zu konzentrieren. Die Leistungsfähigkeit der Verknüpfung von Methode, Mensch und Rechner (VMMR) von Verfahren kann ebenfalls eingeschränkt sein. Verfahren, die ein Kompilieren von Programmen benötigen, wie es z.B. bei den Systemen SIMULAP, DOSIMIS III etc. beim Einsatz der vom Anwender programmierten Steuerungen der Fall ist, erhöhen den Aufwand bei einer Simulationsuntersuchung beträchtlich. Modelle können nicht einfach genug erstellt werden. Auch einem erfahrenen Anwender bleibt häufiges Nachschlagen nicht

---

[39] Für DOSIMIS III ist inzwischen auf einem Apollo-Domain-Rechner eine Version graphischer Netzwerkerstellung erhältlich.

erspart. So ist z.B. bei SIMULAP das Handbuch zur Eingabe
von Strategien unerläßlich. Die Benutzeroberflächen
herkömmlicher Verfahren sind zu unhandlich und erhöhen
dadurch den Aufwand bei der Simulation beträchtlich, so daß
der Einsatz der Verfahren für den Planer erschwert wird.

Eine Verbesserung der Anschaulichkeit scheint mit
graphischen, objektorientierten Benutzeroberflächen möglich.
Die objektorientierte Programmierung wurde erstmals von der
Simulationssprache SIMULA /50/ eingeführt. Das
Programmiersystem SMALLTALK hat deren Grundprinzipien auf
eine allgemein einsetzbare Sprache und vor allem auf eine
objektorientierte Benutzeroberfläche erweitert. Es enthält
sowohl eine Beschreibung für eine objektorientierte
Programmiersprache /66/ als auch für eine objektorientierte
Benutzeroberfläche /67/.[40] Wendet man diese Prinzipien für
die Benutzeroberfläche eines Simulationssystems an, so
lassen sich Benutzeroberflächen, die anschaulich bedienbar
sind, erstellen. Die Prinzipien solcher Benutzeroberflächen
übertragen den vertrauten Umgang mit Objekten der realen
Umwelt auf den Umgang mit einem Programmsystem /95/. Das
Modellnetzwerk wird mit Bausteinsymbolen erstellt und ist
stets sichtbar und "greifbar". Zusammen mit einer
Objektorientierung der Benutzeroberfläche kann auch die
Einfachheit der Eingabe eines Verfahrens erhöht werden,
indem nur die Attribute oder Steuerungselemente angeboten
werden, die für die gerade angesprochene Objektklasse gültig
sind. Die Prinzipien der Vererbung von Merkmalen einer
Objektklasse auf die einzelnen Elemente (Instanzen) einer
Klasse reduzieren den Eingabeaufwand erheblich, da gleiche
Basis-Eigenschaften einer Klasse (z.B. Schnittstellen,
Attributsarten, Steuerungen, Symbol, etc.) automatisch der
Instanz mitgegeben werden können. In der Instanz einer
Klasse können dann nur noch bestimmte zugelassene Werte
innerhalb der Klasse verändert werden (z.B.: die Klasse ist
eine Förderstrecke mit einem Ein- und Ausgang , Instanz ist
eine Förderstrecke dieser Klasse mit der Länge 12 m, vererbt
wurden die Schnittstellen und die Eigenschaften der
Fördermethode, verändert wurde die Länge der Förderstrecke).
Bei den untersuchten Systemen haben GRAFSIM, INSIMAS, SAME,

---

[40] Smalltalk benötigt hochauflösende Graphik zur Darstellung der
Objekte und eine "Maus" als Eingabezeiger zur Auswahl der
dargestellten Objekte. Objekte werden innerhalb von Fenstern, die
verschoben und in der Größe verändert werden können, mit einem
graphischen Symbol dargestellt. Sie können mit der "Maus"
ausgewählt und durch Tastendruck "geöffnet" werden. Öffnen
bedeutet, den Start einer vorgegebenen Funktion.

SIMGRAF, DOSIMIS III[41] eine Oberfläche, die ansatzweise objektorientiert erscheint. Allerdings hat keines von ihnen die Möglichkeit, Elementklassen und Symbole für sie durch den Benutzer definieren zu lassen. Auch kann nur DOSIMIS III umfangreiche Operationen, wie Öffnen, Verschieben, Verändern etc., auf ihnen ausüben. Das einzige Verfahren, das einer strengeren Objektorientierung genügt, ist SIMKIT /88/. SIMKIT erlaubt die Eingabe von anschaulichen Sprachelementen durch den Benutzer und kann Objektklassen erzeugen. Allerdings ist die Beschreibungssprache des Verfahrens nicht speziell für Fertigungssysteme entworfen worden und bietet deshalb zu viele Freiheitsgrade, die den Gebrauch des Verfahrens für die Simulation eines Fertigungssystems wieder umständlicher macht als eigentlich notwendig. Das System ist sehr komplex gehalten und kann nur von Experten bedient werden.

Bei vielen Verfahren können Mängel in der Überschaubarkeit entdeckt werden. Systeme wie AUTOMOD /37/ und SIMAN /63/ mit CINEMA /96/ besitzen z.B. aufgesetzte Animationsprogramme, für die gesondert ein graphisches Modell der simulierten Fertigung entworfen werden muß. SLAM /49/ bietet mit TESS /97/ die Möglichkeit einen graphischen Vorprozessor, mit dem das Materialflußnetzwerk eingebbar ist, und einen statistischen Nachprozessor an, mit dem die Ergebnisse der Simulation anschaulicher dargestellt werden können. Diese im Lauf der Zeit gewachsene Programmstruktur, bei der Simulationsteilaufgaben auf mehrere gesondert käufliche Programme verteilt sind, vermindert die Überschaubarkeit der Verfahren beträchtlich.

Auch die Leistungsfähigkeit bekannter Verfahren ist begrenzt. Viele, wie z.B. DOSIMIS III /81/, SIMULAP /83/ und sogar SIMKIT /88/, benötigen eine Programmierung von speziellen Anwendersteuerungen. Dies verlangsamt die Erstellung von Modellen durch die Fehleranfälligkeit des Programmierens und das meist notwendige Kompilieren erheblich. Weiterhin wird die Leistungsfähigkeit auch durch zu lange Rechenzeiten verschiedener Verfahren, wie z.B. SLAM II /49/ und SIMKIT /88/, begrenzt. SIMKIT basiert auf dem Expertensystem KEE /98/. Es benötigt einen besonderen Arbeitsplatzrechner und bietet auch dann nur sehr lange Laufzeiten für Simulationen. Trotz seiner beispielhaften Benutzeroberfläche ist SIMKIT für die Planung von Fertigungsprozessen wegen der genannten Nachteile nicht geeignet.

---

[41] Dies gilt für die objektorientierte Version auf einer Apollo-Domain Workstation.

Die Richtigkeit der Verknüpfung von Methode, Mensch und Rechner der Verfahren ist sehr schwer zu beurteilen, da über die Richtigkeit z.B. der Zufallszahlengeneratoren, der Berechnungen und des Verhaltens bei Gleichzeitigkeit von Ereignissen keine Daten erhältlich waren. Sie muß jedoch im Hinblick auf die jeweilgen Zielsetzungen der durchgeführten Simulationsuntersuchungen als ausreichend gut beurteilt werden, da solche Mängel bei der Validierung der Modelle erkennbar werden und dann beseitigt werden können. Jedoch mangelt es oft an Eindeutigkeit. Das bereits angesprochene historische Wachsen eines Verfahrens mindert nicht nur die Überschaubarkeit, sondern auch die Eindeutigkeit der genannten Verfahren, da die Aufgabenverteilung der einzelnen Programmteile immer schwerer erkennbar wird. Z.B. muß in SIMAN ein Element eines Fertigungssystems innerhalb eines Programmes definiert werden und dann nochmals für die Animation mit CINEMA. Ähnliches gilt auch für AUTOMOD.

Die Vollständigkeit der Verknüpfung von Methode, Mensch und Rechner der Verfahren ist zwar in der Hinsicht, daß damit Simulationen durchgeführt werden können, stets ausreichend, aber in der Ergebnisdarstellung der Verfahren können oft doch noch Schwächen entdeckt werden. Bei manchen Verfahren, wie z.B. MUSIK, FAD, GPSS etc., fehlt eine Animation vollständig. Diese wäre jedoch zur Validierung insbesondere der Steuerungen und als Grundlage für eine Ergebnisdiskussion sehr sinnvoll. Die Aufbereitung von statistischen Ergebnissen ist meist nicht ausreichend. Zwar gibt es heute kein Verfahren mehr, das nur eine Ablaufbeschreibung der Simulationsereignisse (Trace) anbietet, aber Systeme wie MUSIK, SIMULAP, DOSIMIS III haben auch nur Statistiken in tabellarischer Form anzubieten. Vor allem besitzen die meisten Verfahren (außer SLAM II mit TESS) nicht die Möglichkeit vom Benutzer steuerbare beliebige Statistiken zu vorhandenen Systemparametern zu erfassen. Auf diese Punkte soll hier jedoch nicht weiter eingegangen werden, da die Erfassung von Statistiken nicht Thema dieser Arbeit ist.

Ein verbessertes Verfahren hat die Aufgabe, die Systematik der gewählten Beschreibungssprache für Fertigungsprozesse durch eine geeignete Benutzeroberfläche konsequent zu unterstützen, um eine intuitiv verständliche und damit einfache Bedienung zu gewährleisten. Das Verfahren muß weiterhin in seiner Programmstruktur eindeutig und möglichst bei der Darstellung von Ergebnissen in der genannten Weise vollständig sein.

5. ZIELSETZUNG DER ARBEIT

Herkömmliche parametrische und unterprogrammbasierte
Verfahren weisen Nachteile auf, die ihren praktischen
Einsatz behindern und die Qualität und Geschwindigkeit der
Modellierung vermindern. Deshalb soll es die Zielsetzung der
vorliegenden Arbeit sein,

- ein Verfahren zu entwickeln, das unter
  Berücksichtigung der Beschreibungssprache
  und einer sinnvollen Verknüpfung von Methode,
  Mensch und Rechner den genannten Anforderungen
  an Aufwands- und Aussagefähigkeitskriterien
  an ein Simulationssystem genügt.

Dazu müssen

- Fertigungssysteme mit Stückgutcharakter in
  Systemelementklassen, die für eine Simulation zur
  Planung eines solchen Systems relevant sind,
  untergliedert, werden;

- die gefundenen Fertigungselementklassen auf ihre
  Eigenschaften und ihr Verhalten untersucht, ihre
  entsprechenden Attribute und Steuerungen definiert
  werden und eine sinnvolle Strukturierung der Elemente
  und Bezeichnung der Elemente vorgeschlagen, werden;

- Vorschläge zur Realisierung einer den in Kapitel 3.1
  genannten Kriterien entsprechenden Verknüpfung von
  Methode, Mensch und Rechner gemacht werden.

Natürlich sind die genannten Kriterien teilweise
gegensätzlich. Z.B. erhöht die Forderung nach Anschaulich-
und Vollständigkeit die Anzahl der Elemente, so daß die
Überschaubarkeit wieder abnimmt. Bei dem Entwurf eines neuen
Verfahrens muß man also die Optimierung aller Forderungen
gemeinsam berücksichtigen.

6.BESCHREIBUNGSSPRACHE ZUR MODELLIERUNG EINES FERTIGUNGS-PROZESSES MIT STÜCKGUTCHARAKTER

Bei der Untersuchung der Beschreibungsprache herkömmlicher Simulationsverfahren konnte eine Reihe von Schwachstellen festgestellt werden, die bei der Definition einer neuen Sprache behoben werden müssen. In den folgenden Kapiteln soll eine Systematik entwickelt werden, die die Definition einer Beschreibungssprache unter Berücksichtigung der bekannten Kriterien erlaubt. Der scheinbare Widerspruch zwischen der für breite Anwendungsbereiche richtigeren unterprogrammbasierten und der einfacheren parametrischen Eingabemethodik muß über eine ausgewogene Berücksichtigung des Wunsches nach möglichst weitgehender Vorgabe von Attributen und Grundverhalten und möglichst geringem Einsatz prozeduraler Eingabe, ohne die Richtigkeit einzuschränken, aufgelöst werden.

6.1 SYSTEMATIK DER ABBILDUNG VON FERTIGUNGSSYSTEMELEMENTEN

Das zu erörternde Simulationsverfahren soll sich auf Fertigungsprozesse mit Stückgutcharakter beschränken. Ein Fertigungsprozeß besteht aus einer zeitlichen Verkettung von Veränderungen der Elemente eines Fertigungssystems, die durch Elemente eines Fertigungssystem ausgeführt werden. Eine Veränderung soll hier als Operation eines Elements auf einem Element bezeichnet werden. Die Art der Operation, die ausgeführt wird, wird durch das Verhalten des Elements bestimmt. Operationen können sich entsprechend der gewählten Gliederung auf die Behandlung von Materialien oder Informationen beziehen. Eine Operation soll wie folgt definiert werden:

> Eine Operation wird von einem Fertigungselement auf einem Fertigungslement ausgeführt. Sie hat eine Zustandsänderung des Fertigungselementes zur Folge.

Zur Ausführung einer Operation wird in einem Modellsystem also stets eine Verhaltensbeschreibung notwendig sein, die in Form von Regeln einer Steuerung festgelegt ist. Eine Operation bewirkt einen neuen Systemzustand. Nach dem obigen Sprachgebrauch können nur aktive Elemente Operationen ausführen, da nur sie eine Verhaltensbeschreibung besitzen.

Die Operationen an Fertigungselementen verändern z.B. deren Eigenschaften wie Lage, Ort und Bewegungszustand. Durch die

Verkettung dieser Operationen werden Fertigungselemente transportiert, bearbeitet, montiert, etc.. Aktive Materialflußlemente (AME) können dabei Fördermittel, stationäre Fördereinrichtungen, wie z.B. Elektrohängebahnen, Power & Free-Förderer, Ketten-, Rollen-, Gurt-, Bandförderer, Drehbänke, Bearbeitungszellen, Lackieranlagen, Montagemaschinen etc., sein. Passive Materialflußlemente (PME), wie Hallen, Wege, Regale, Stellplätze, Paletten, Boxen, Schmiermittel etc., können einerseits die Fertigungsprozesse unterstützen und andererseits, wie Kleinteile, Bleche, Motoren, Karossen etc., gefertigt werden.[42] Operationen bezüglich Materialien werden im folgenden als Materialflußoperationen bezeichnet. Ähnliches gilt für die Betrachtung des Informationsflusses (IF). Operationen zur Behandlung von Informationen heißen Informationsflußoperationen. Aktive Informationsflußelemente (AIE), wie z.B. Anlagensteuerungen, Menschen[43] etc. üben dabei Operationen auf passiven Informationsflußelementen (PIE) aus. Diese können z.B. Listen, Packzettel, Datenspeicher und andere Informationsträger sein.

Der Material- und Informationsfluß halten in einem Wechselspiel ihrer Operationen den Fertigungsprozeß in Gang. Die Beendigung eines Materialflußprozesses, wie z.B. die Anlieferung eines Teils bei einer Maschine, aktiviert die Steuerung, die die Maschine beauftragt, bestimmte Bohrungen anzubringen. Die Anweisung "Bohrungen 3mm bei 123/234, 5mm bei 123/443" wird von der Fertigungszelle übernommen und ausgeführt. Nach der dafür benötigten Zeit hat das Teil den Zustand "Bohrungen erledigt", und die Steuerung kann erneut benachrichtigt werden, um zu entscheiden, was mit dem fertigen Teil geschehen soll. Zusätzliche Prozesse können in den normalen Ablauf des Materialfluß- oder Informationsflußgeschehens eingreifen, indem sie Aufträge initialisieren, Teile erzeugen oder vernichten, aktive Elemente in ihren Operationen stören oder letztere unterbrechen. Bei der Definition von Materialflußelementen sollen möglichst wenige Sprachelemente erzeugt werden, damit diese überschaubar bleiben. Auf der anderen Seite fordert der Wunsch nach Anschaulichkeit, Leistungsfähigkeit und Richtigkeit, daß dem Benutzer möglichst anwendungsnahe Elemente angeboten werden. Dies erhöht entweder die Anzahl

---

[42] Zu Fertigungselementen siehe Dolezalek./52/.

[43] Menschen können in einem Fertigungssystem die verschiedensten Aufgaben übernehmen. Sie sind die flexibelsten "Elemente eines Fertigungssystems" und können in Teilaspekten als Elemente modelliert werden, die transportieren, bearbeiten, montieren oder, wie in diesem Beispiel, steuern.

oder die Komplexität der Elemente, was einer hohen
Überschaubarkeit, Anschaulichkeit, Eindeutigkeit und
Vollständigkeit widerspricht. Bei der Entwicklung von
Sprachelementen soll deshalb nach dem Grundsatz:

So überschaubar, einfach, eindeutig und vollständig wie
möglich und so anschaulich, leistungsfähig und richtig
wie nötig

verfahren werden.

6.1.1 UNBEWEGLICHE MATERIALFLUSSELEMENTE

Beim Aufbau von Materialflußelementen soll bei dem
einfachsten Element, einem Einzelplatz, begonnen werden. Der
Platz habe die Kapazität eins und kann ein Teil beliebiger
Ausdehnung aufnehmen. Ist der Platz ein aktives Element, so
wird er das aufgenommene Teil nach einer definierten
Aufenthaltszeit[44] wieder abgeben[45], damit das Teil weiter
im Materialflußsystem transportiert oder bearbeitet wird.
Ist der Platz ein passives Element, so bleibt das Teil so
lange auf ihm, bis es sich selbstständig wegbewegt oder von
einem anderen aktiven Element entfernt wird. Folgende
Darstellung vedeutlicht dies.

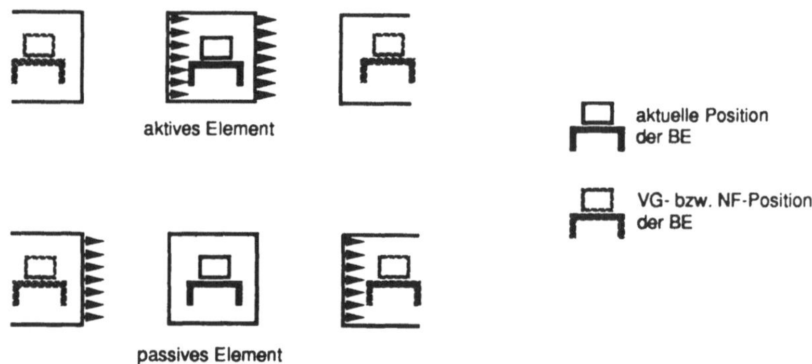

Bild 11: Aufnahme und Abgabe eines Teils auf einem aktiven
         oder passiven Einzelplatz

---

[44] Alle Attribute vom Typ Zeit können mit festen oder stochastischen
     Zeiten belegt werden.

[45] Um Konkurrenz der Ereignisse aktiver Elemente zu verhindern, soll
     die Aufnahme eines aktiven Elements in einem aktiven Element nicht
     erlaubt sein.

Einen Einzelplatz allein als Sprachelement anzubieten, würde jedoch nicht die Ansprüche an Anschaulichkeit, Leistungsfähigkeit und Richtigkeit erfüllen, da damit FE wie Staustrecken und Maschinen nicht zufriedenstellend abgebildet werden können. Der Einzelplatz soll deshalb eine Erweiterung in serieller und paralleler Art erhalten.

Eine serielle Erweiterung eines Einzelplatzes erlaubt die Aufnahme von mehr als einem Teil in Transportrichtung. Das ergibt eine Strecke mit Zwangsdurchlauf nach FIFO-Prinzip. Teile können sich nicht überholen, da die Kapazität des Elements in paralleler Richtung immer noch eins ist. Die Kapazität in Längsrichtung dagegen könnte entweder fest als Anzahl von Teilen oder frei in Längeneinheiten gewählt werden. Die Wahl einer Länge erfordert zwar mehr Aufwand bei der Abarbeitung während des Simulationslaufes und reduziert damit die Leistungsfähigkeit der Verknüpfung von Methode, Mensch und Rechner, ergibt aber eine wesentlich höhere Anschaulichkeit und Richtigkeit, da bei der Aufnahme unterschiedlich langer Teile sich auch unterschiedliche Kapazitäten ergeben. Sie soll deshalb bevorzugt werden. Als Einheitensystem soll der Verständlichkeit halber das mks-System (Meter, Kilogramm, Sekunde) eingesetzt werden.

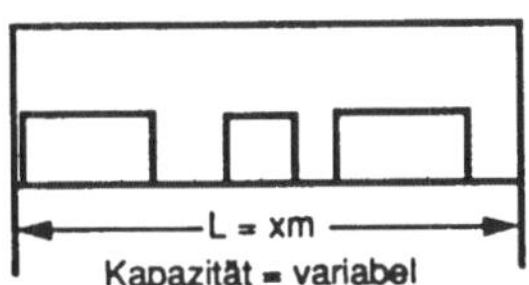

Bild 12: Serielle Erweiterung eines Einzelplatzes

In Querrichtung ist dagegen keine Angabe in Längeneinheiten notwendig, da angenommen werden kann, daß die Breite eines Platzes stets für ein aufzunehmendes Teil ausreicht. Sollte ein Teil zu breit sein, so muß dieser Sonderfall über eine Anwendersteuerung berücksichtigt werden.
Ist das serielle Element aktiv, so muß zusätzlich eine Durchlaufzeit für die aufgenommenen Teile definiert werden. Diese Zeit bezieht sich jedoch nur auf die kürzest mögliche Zeit, die ein Teil benötigt, um vom Ein- zum Ausgang zu gelangen. Ist der Ausgang blockiert, so kann sich diese Zeit durch Warten der austrittsbereiten Teile erhöhen. Dies ist davon abhängig, ob nur das erste austrittsbereite Teil oder alle Teile in dem Element von der Blockierung betroffen

sind. Sind alle Teile betroffen, so werden alle Teile gemeinsam um die Wartezeit des ersten austrittsbereiten Teils verzögert. Der Teileabstand ist konstant. Soll dagegen nur das erste Teil betroffen sein, so "rutschen" die anderen Teile auf das erste auf. Der Teileabstand ist nicht konstant. Schließlich muß bei einem aktiven Element noch das Aufnahme- und Abgabegrundverhalten von Teilen geregelt werden. Nach /93/ unterscheidet sich die Übergabe der Teile nur nach ihrer

- Art
- Intensität[46]
- Reihenfolge.

Von diesen Möglichkeiten ist nur die Intensität der Teile als Parameter eines Grundverhaltens von Materialflußelementen vorzusehen. Dies hat seinen Grund darin, daß innerhalb des Grundverhaltens eine Intensitätssteuerung einfacher als eine Art- und Reihenfolgesteuerung realisierbar ist. Die Intensität bezieht sich nur auf die Anzahl der in einem bestimmten Zeitintervall ankommenden Teile, während die Art und Reihenfolge sich auf beliebige Attribute eines Teils beziehen kann. Daraus ergeben sich viele verschiedene Möglichkeiten der Reihenfolgebildung, die nur über Anwendersteuerungen realisiert werden können. Die Intensität der Teile soll hier durch einen Takt am Ein- und am Ausgang eines Elements begrenzt werden. Das Grundverhalten regelt dann z.B. die Aufnahme von Teilen so, daß Teile nicht in einem kürzeren zeitlichen Abstand, als durch den Takt vorgegeben ist, aufgenommen werden dürfen.

Eine Erweiterung des Einzelplatzelements in paralleler Richtung ergibt ein Element, das gleichzeitig mehrere Teile nebeneinander aufnehmen kann. Hier gibt es keinen FIFO-Zwangsdurchlauf. Die aufgenommenen Teile können sich je nach Durchlaufzeit eines Platzes gegenseitig überholen. Es kann kein Aufstauen der Teile geben. Deshalb ist es auch nicht notwendig, eine dynamische Berechnung der Kapazität eines parallelen Elements in Längsrichtung durchzuführen. In Querrichtung wäre eine Breitenangabe zur dynamischen Berechnung einer Kapazität denkbar. Es kann jedoch in fast allen Fällen davon ausgegangen werden, das ein Teil schmal genug ist, um einen Platz in einem parallelen Element einzunehmen. Deshalb soll zugunsten einer erhöhten Leistungsfähigkeit der VMMR keine Längenangabe quer zur

---

[46] Mit Intensität ist der zeitliche Ankunftsabstand der Teile eines Förderstoms gemeint /93/.

Transportrichtung gefordert werden. Somit wird die
Kapazität eines parallelen Elements nur durch die Anzahl der
Plätze in Querrichtung bestimmt. Für aktive Elemente soll
aus den oben genannten Gründen noch zusätzlich der Takt für
die Aufnahme und Abgabe von Teilen als Parameter eingebbar
sein.

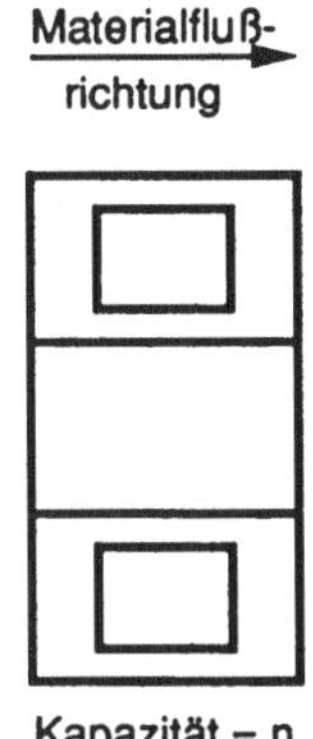

Bild 13: Parallele Erweiterung eines Einzelplatzes

Folgende Tabellen fassen die aktiven und passiven
unbeweglichen Materialflußelemente entsprechend ihrer
Klassifikationen zusammen.

Grundverhalten aktiver, serieller, unbeweglicher Materialflußelemente				
Aufbau	Teileabstand	Eintritt	Austritt	Bezeichnung
seriell	konst.	getaktet	getaktet	Kette[47]
seriell	konst.	getaktet	n.get.	n.a.
seriell	konst.	n.get.	getaktet	n.a.
seriell	konst.	n.get.	n.get.	Band
seriell	n.kon.	getaktet	getaktet	Rut. + TE/A
seriell	n.kon.	getaktet	n.get.	Rut. + TE
seriell	n.kon.	n.get.	getaktet	Rut. + TA
seriell	n.kon.	n.get.	n.get.	Rutsche
n.a.	nicht anwendbar			
TE/A	Taktelement(z.B. Handhab.ger.) am Ein- und Ausgang			
TE	Taktelement am Eingang			
TA	Taktelement am Ausgang			

Tabelle 2: Gliederung der aktiven, seriellen, unbeweglichen Materialflußelemente

Grundverhalten aktiver, paraller, unbeweglicher Materialflußelemente				
Aufbau	Teileabstand	Eintritt	Austritt	Bezeichnung
parallel	n.a.	getaktet	getaktet	Masch.+TE/A
parallel	n.a.	getaktet	n.get.	Masch.+TE
parallel	n.a.	n.get.	getaktet	Masch.+TA
parallel	n.a.	n.get.	n.get.	Maschine
n.a.	nicht anwendbar			
TE/A	Taktelement (z.B. Handhab.ger.) am Ein- und Ausgang			
TE	Taktelement am Eingang			
TA	Taktelement am Ausgang			

Tabelle 3: Gliederung der aktiven, parallelen, unbeweglichen Materialflußelemente

---

[47] Die Bezeichnung Kette soll den Bezug zu einem Kettenförderer mit Gehänge erleichtern. Dabei bestimmt der Abstand der Gehänge den kürzest möglichen Abstand der Teile.

passive, unbewegliche Materialflußelemente (Verweilzeit nicht konstant, Ein-, Austritt nicht durch Element bestimmt)	
Aufbau	Bezeichnung
seriell parallel	Weg Lager

Tabelle 4: Gliederung der passiven, unbeweglichen Materialflußelemente

Die Bezeichnung der Elemente wurde so gewählt, daß sie dem Anwender die Materialhandhabungseigenschaften des Elementes anschaulich machen. Natürlich könnte man z.B. auch mit einem Band eine Maschine abbilden, bei der die Teile in einem bestimmten Arbeitstakt gemeinsam vorwärts bewegt werden.

Lagerelemente in realen Fertigungssystemen können in verschiedenen Formen vorkommen. Ein Blocklager z.B. entspricht einem zweidimensionalen Lager, bei dem ein Lagerplatz in Richtung der dritten Dimension mehrfach belegt werden kann und bei dem Güter in LIFO-Reihenfolge entnommen werden müssen. Dem entsprechend ist das Durchlaufregallager ein dreidimensionales Lager, bei dem Güter in FIFO-Manier ein- und ausgelagert werden. In den genannten Beispielen bestimmt die Längeneinheit in der dritten Dimension des Lagers die Kapazität eines bestimmten Platzes der zweidimensionalen Ebene. Weil zur Abbildung solcher Lagerelemente eine Vielzahl der seriellen und parallelen Grundelemente notwendig wäre, soll hier ein spezielles Lagerelement, das die genannten Lagerformen auf einfache Art abbildbar macht, zusätzlich angeboten werden. Der passive Einzelplatz soll dazu in zwei Dimensionen in paralleler Weise und in der dritten Dimension in serieller Weise erweitert werden.

Lagerelemente	
Dimensionen	Lagerordnungstyp
zwei, parallele Plätze in x-, y-Richtung drei, mit serieller Erweiterung in z-Richtung	Flächenlager Volumenlager

Tabelle 5: Gliederung des Lagerelements

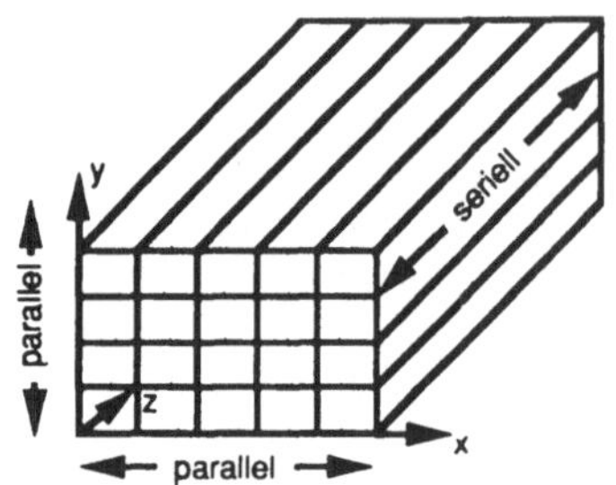

Bild 14: Darstellung des dreidimensionalen Lagerelements

6.1.2 BEWEGLICHE MATERIALFLUSSELEMENTE

Bewegliche Elemente müssen nicht in ein Vorgänger-
Nachfolger-Netzwerk fest eingebunden, sondern können (stets
nur) an den Ort ihres momentanen Aufenthalts gekoppelt sein.
Als Aufenthaltsort kommen, entsprechend der gewählten
Struktur, Informationsflußelemente nicht in Frage. Die
seltene Konkurrenz der Aktionen aktiver Elemente soll
ausgeschlossen werden, da zur Behebung dieses Konflikts
zusätzliche Anwendersteuerungen notwendig sind. Aktive
Materialflußelemente dürfen sich nicht innerhalb anderer
aktiver Materialflußelemente (z.B. Fördermittel in Rutsche)
aufhalten, da sonst zusätzlich definiert werden müßte, ob
das unbewegliche aktive oder das bewegliche aktive Element
Priorität bei der Ausführung seiner Operationen hat, Die
folgende Abbildung verdeutlicht die Verträglichkeit der
Elementarten.

Aufenthalt von in	aktiven Elementen	passiven Elementen
aktiven Materialfluß- elementen	verboten	erlaubt
passiven Materialfluß- elementen	erlaubt	erlaubt

Bild 15: Aufenthaltserlaubnis aktiver und passiver
Materialflußlemente

Als Aufenhaltsort für aktive bewegliche Materialflußelemente (Fördermittel) bietet sich das Wegelement an, entlang dessen Ausdehung ihre Fortbewegung möglich wird. Der Aufenthalt in einem Lagerelement ist ebenfalls denkbar, erscheint aber unter Berücksichtigung realer Anwendungsfälle wenig sinnvoll. Das aktive bewegliche Element (Fördermittel) sorgt selbst für seine Fortbewegung. Genauso wie das aktive unbewegliche Element kann es ebenfalls andere passive bewegliche Elemente aufnehmen (Förderhilfsmittel oder Fördergut auf Fördermittel). Für die Aufnahme dieser Teile wird wieder von einem Einzelplatz ausgegangen. Der Einzelplatz wird um eine bestimmte Anzahl an parallelen Plätzen erhöht. Daraus ergibt sich eine bestimmte Kapazität des Fördermittels. Eine serielle Durchlaufart der passiven beweglichen Elemente (Förderhilfsmittel oder Fördergut) mit einer Beschreibung eines Stauverhaltens innerhalb des Fördermittels soll zugunsten einer besseren Leistungsfähigkeit der VMMR nicht angeboten werden, weil die geladenen Teile meist nur durch ein Fördermittel transportiert werden sollen, ohne daß eine Bewegung innerhalb des Fördermittels stattfindet. So gesehen werden die Teile parallel aufgeladen und können beim Abladen in beliebiger Reihenfolge wieder abgegeben werden. Die Verweildauer des transportierten Gutes ist von der jeweiligen Strecke, die das Fördermittel zurückzulegen hat, abhängig. Die Art der Ein- oder Ausgabe kann, wie oben begründet, getaktet oder nicht sein. Ein Takt kann z.B. durch einen Roboter auf dem Fahrzeug oder an einer Station entstehen. Folgende Tabelle strukturiert die beweglichen, aktiven Materialflußelemente.

<table>
<tr><td colspan="3" align="center">aktive, bewegliche Materialflußelemente
(platzorientierte Weitergabe, Verweilzeit nicht durch Element bestimmt)</td></tr>
<tr><td>Eintrittsart</td><td>Austrittsart</td><td>Bezeichner</td></tr>
<tr><td>getaktet
getaktet
nicht getaktet
nicht getaktet</td><td>getaktet
nicht getaktet
getaktet
nicht getaktet</td><td>FM + TE/A
FM + TE
FM + TA
FM</td></tr>
<tr><td colspan="3">FM   bewegtes Fördermittel
TE/A   Taktelement (z.B. Handhab.ger.) am Ein- und Ausgang
TE   Taktelement am Eingang
TA   Taktelement am Ausgang</td></tr>
</table>

Tabelle 6: Gliederung der aktiven, bewegliche
Materialflußelemente

Passive bewegliche Elemente (Förderhilfsmittel oder Fördergut) können sich in allen anderen aufnahmefähigen Materialflußelementen aufhalten. Sie werden innerhalb passiver Elemente (Wege, Lagerelemente oder Förderhilfsmittel) keine Veränderungen bezüglich ihres Lage-, Bewegungs- oder anderer Zustände erfahren können, weil nur aktive Elemente die dazu notwendigen Zustandsübergangsbeschreibungen besitzen. Förderhilfsmittel können Teile aufnehmen, wenn der Be- und Entladevorgang von einem aktiven Element aus getätigt wird. Für die Aufnahme der Teile wird, wie oben bereits begründet, nur eine parallele Platzordnung vorgesehen. Die folgende Tabelle gliedert die passiven beweglichen Elemente.

<table>
<tr><td colspan="2" align="center">passive, bewegliche Materialflußelemente</td></tr>
<tr><td>Aufnahmefähigkeit</td><td>Bezeichnung</td></tr>
<tr><td>ja
nein</td><td>FHM
FG</td></tr>
<tr><td colspan="2">FHM   Förderhilfsmittel
FG   Fördergut</td></tr>
</table>

Tabelle 7: Gliederung der passiven, beweglichen
Materialflußelemente

6.1.3 UNBEWEGLICHE INFORMATIONSFLUSSELEMENTE

Informationsflußelemente sollen dem Benutzer die Möglichkeit bieten, den Materialfluß, der der Hauptgegenstand seiner Betrachtungen ist, richtig zu steuern. Eine Steuerung sei hier wie folgt definiert:

> Steuerung des Materialflusses heißt das einem bestimmten Zweck dienende und von Zuständen der Modellelemente abhängige Ausführen von Operationen. Damit ist das Verändern von Attributen der Modellelemente, der Existenz, der Zusammensetzung und des Ortes von beweglichen Elementen gemeint.

Eine Steuerung führt bestimmte Operationen in Abhängigkeit von Systemzuständen aus. Eine solche Beziehung wird als Regel bezeichnet. Alle Regeln zur Steuerung des Materialflusses könnten gemeinsam als großes Regelwerk abgelegt werden. Dies ist jedoch nicht sinnvoll, da mangels einer Strukturierung des Regelwerkes die Steuerung unübersichtlich würde und damit die Eingabe wenig anschaulich und nicht einfach wäre. Zur sinnvollen Steuerung des Materialflusses ist eine Verteilung der Steuerungsaufgaben notwendig, wie dies in realen Systemen ebenfalls aus den gleichen Gründen durchgeführt wird. Natürlich wird durch die Verteilung der Steuerungsaufgaben auch die Abbildung eines Informationsflusses nötig. Bei dieser Abbildung interessiert aus genannten Gründen jedoch nur die reine Weitergabe von Datenelementen und nicht der Zeitverbrauch dieser Weitergabe. Da die Steuerungen eines Simulationssystems auf einer Rechenanlage mit einem Prozessor nur sequentiell abgearbeitet werden können, können alle Steuerungen nicht gleichzeitig aktiv sein. Somit ist ein Element vorzusehen, das als Datenspeicher wirkt, um Informationen, die von einer Steuerung an eine andere, später aktive Steuerung weiterzugeben. Wie bei der Betrachtung der Materialflußelemente werden auch bei dem Fluß von Informationen aktive Informationsflußelemente Operationen auf passiven Informationsflußelementen ausführen. Dabei sind Steuerungen aktive Elemente, da sie eine Verhaltensbeschreibung besitzen. Daten- und Datenspeicherelemente, wie z.B. Anweisungen, Briefkästen und Arbeitspläne, sind passive Elemente, da sie nur durch Eigenschaften definiert werden.

Weil das Materialflußgeschehen vorrangig untersucht wird, soll es innerhalb des untersuchten Materialflußbereiches alle Ereignisse und damit auch Steuerungsaufrufe auslösen.

Sobald ein bewegliches Element aus einem Materialflußelement austritt, ist es außerhalb des von dem Grundverhalten gesteuerten Bereiches. Z.B. muß beim Auslagern aus einer Anlage an einer Verzweigung der Nachfolger für das Teil bestimmt werden. Diese Entscheidung ist, wie in Kapitel 3.2.2 definiert, nicht mehr Teil einer Element-, sondern einer Anwendersteuerung. Dazu wird von der Grundsteuerung des Elements eine Anwendersteuerung, die dem Ein- oder Ausgang des Materialflußelements zugeordnet ist, aufgerufen. Da eine Verteil- oder Zusammenführentscheidung bei jeder Aus- oder Einlagerung denkbar ist, soll je eine Anwendersteuerung dem Aus- und Eingang zugeordnet werden können. Wird keine Anwendersteuerung benötigt oder eingegeben, so hat die Steuerung ein Grundverhalten, das das bewegliche Element stets vom ersten Vorgänger oder zum ersten Nachfolger umlagert. Der erste Vorgänger oder Nachfolger wird dabei als das erste Element, das mit einem Materialflußpfeil[48] angeschlossen wird, definiert. Eine Anwendersteuerung am Ein- oder Ausgang eines Materialflußelements soll lokale Steuerung genannt werden, da sie stets von einem lokal direkt zugeordneten Materialflußelement aufgerufen wird. Die lokale Zuordnung einer Steuerung zu einem Materialflußelement ist immer dann zweckmäßig, wenn ein Ein- oder Austrittsereignis des Materialflußelements (s. Kap. 3.2.2) nur lokale Bedeutung für das Materialflußelement oder das ein- oder austrittsbereite Teil hat und damit immer nur die zugehörige lokale Steuerung ausgelöst werden muß. Sollen komplexere Steuerungsaufgaben mit mehreren betroffenen Materialflußelementen abgearbeitet werden, so ist der Einsatz einer globalen Steuerung notwendig. Globale Steuerungen können dazu durch lokale Steuerungen aufgerufen werden. Eine globale Steuerung zieht für ihre Entscheidungsfindung im allgemeinen mehrere Materialflußelemente in Betracht. Erst wenn alle Bedingungen aller beteiligten Materialflußelemente mit den gewünschten Voraussetzungen übereinstimmen, wird eine bestimmte Operation ausgeführt. So kann die Ankunft von Teilen, die montiert werden sollen, zu verschiedenen Zeiten erfolgen. Jedesmal, wenn ein neuer Teiletyp in einem Montagepuffer austrittsbereit wird, löst ein Austrittsereignis die zugehörige lokale Steuerung aus. Diese ruft direkt die für die Montage zuständige globale Steuerung auf. Die globale Steuerung entscheidet, ob alle Voraussetzungen für eine

---

[48] Materialflußpfeile dienen der logischen Verkettung von Materialflußelementen in einem Netzwerk. Siehe dazu auch Kapitel 3.2.2.

Montage erfüllt sind und veranlaßt dann gegebenenfalls bestimmte Maßnahmen. Der Benutzer kann zur besseren Überschaubarkeit komplexere Anwendersteuerungen u.U. in mehreren unabhängigen globalen Steuerungen abarbeiten. Die folgende Tabelle strukturiert die genannten Anwendersteuerungen.

aktive Informationsflußelemente	
Art des Aufrufs	Bezeichnung
durch Ein- oder Auslagerereignis am AiE durch lokale oder globale Steuerungen	lokale Steuerung globale Steuerung
AiE aktives Informationsflußelement	

Tabelle 8: Struktur der aktiven Informationsflußelemente

Die Regeln der aktiven Informationsflußelemente beschreiben Anwendersteuerungen und werden vom Anwender je nach Anwendungsfall eingegeben. Auf Grund der genannten Kriterien muß dem Anwender die Möglichkeit gegeben werden, Anwendersteuerungen mit geringem Aufwand einzugeben. Dazu sollen Sprachelemente zur Beschreibung von Anwendersteuerungen entwickelt werden. Als Richtschnur für die Entwicklung werden wiederum die bekannten Kriterien eingesetzt. Eine Regel beschreibt unter welchen Bedingungen eine Operation auf einem Element ausgeführt werden soll. Sie wird in allgemeiner Form aus der Beziehung zwischen einer Bedingung und einer Maßnahme formuliert:

WENN Bedingung, DANN Maßnahme

Eine Bedingung sei hier als der Vergleich zweier Gegebenheiten definiert, der als Ergebnis nur wahr oder falsch haben kann. Ein Vergleich von Gegebenheiten entspricht der Abfrage der Systemzustände und damit der Attribute von Sprachelementen. Die Maßnahme wird ausgeführt, wenn die Bedingung das Ergebnis wahr ergibt. Maßnahmen beschreiben alle Operationen, die in dem betrachteten Prozeß möglich sind. Notwendige Maßnahmen müssen hier hergeleitet werden. Maßnahmen können entsprechend der Definition von Steuerungen folgerichtig aus der Änderung

- der Zustände (entspricht Attributswerten)
- der Existenz der beweglichen Elemente
- der Beziehungen der beweglichen Elemente

abgeleitet werden. Die entsprechenden Maßnahmen werden in den folgenden Tabellen hergeleitet. So bedeutet z.B. die Änderung eines Zustandes eines Materialflußelementes das Ändern seiner Farbe oder seines Bearbeitungszustandes.

Maßnahmen als Folge einer Änderung des Zustandes von Materialflußelementen	
Änderung des Zustandes von	Maßnahme
bewegl. PME unbew. PME bewegl. AME unbew. AME	Zustandsänderung Zustandsänderung Zustandsänderung Zustandsänderung
PME passives Materialflußelement AME aktives Materialflußelement	

Tabelle 9: Herleitung von Maßnahmen, die aus der Änderung des Zustandes von Materialflußelementen entstehen

Die Änderung der Existenz eines Materialflußelements bedeutet z.B. das Erzeugen von Teilen bei ihrem Eintritt in das modellierte Fertigungssystem an einer Schnittstelle zu seiner nicht modellierten Außenwelt.

Maßnahmen als Folge einer Änderung der Existenz von Materialflußelementen	
Änderung der Existenz von	Maßnahme
bewegl. PME unbew. PME bewegl. AME unbew. AME	Erzeugen n.a. Erzeugen n.a.
PME passives Materialflußelement AME aktives Materialflußelement n.a. nicht anwendbar	

Tabelle 10: Herleitung von Maßnahmen, die aus der Änderung
der Existenz von Materialflußelementen entstehen

Die Maßnahmen, die die Beziehung von Materialflußelementen
zueinander ändern, betreffen z.B. im Falle des Gruppierens
das Montieren von Teilen oder im Falle des Umlagerns das
Bewegen eines Teils von einem Ort (unbeweglichen ME) zu
einem anderen Ort (unbeweglichen ME).

Maßnahmen als Folge einer Änderung der Beziehung von Materialflußelementen		
Änderung der Beziehung von	**mit**	**Maßnahme**
bewegl. PME	bewegl. PME	Gruppieren
	unbew. PME	Lagern
	bewegl. AME	Laden
	unbew. AME	Umlagern
unbew. PME	bewegl. PME	Lagern
	unbew. PME	n.a.
	bewegl. AME	Umlagern
	unbew. AME	n.a.
bewegl. AME	bewegl. PME	Laden
	unbew. PME	Umlagern
	bewegl. AME	n.a.
	unbew. AME	n.a.
unbew. AME	bewegl. PME	Umlagern
	unbew. PME	n.a.
	bewegl. AME	n.a.
	unbew. AME	n.a.
PME	passives Materialflußelement	
AME	aktives Materialflußelement	
n.a.	nicht anwendbar	

Tabelle 11: Herleitung von Maßnahmen, die aus der Änderung
der Beziehung von Materialflußelem. entstehen

Für das Gruppieren ist aus Gründen einer zweckmäßigen
Datenstruktur zur Darstellung der beweglichen PME auf
Rechenanlagen eine weitere Verfeinerung sinnvoll. Je
nachdem, ob ein lösbarer oder nicht lösbarer Verbund aus
gleichen oder nicht gleichen Elementen gebildet wird,
ergeben sich folgende Untermaßnahmen.

Untergruppen zur Maßnahme "Gruppieren"		
lösbare Verbindung	**gleiche PME**	**Maßnahme**
ja	ja	Sammeln
ja	nein	Sortiment bilden
nein	ja	Montieren
nein	nein	Montieren
PME	passives Materialflußelement	

Tabelle 12: Untermaßnahmen zum Gruppieren

Jede der genannten Maßnahmen besitzt eine Gegenmaßnahme, die die ursprüngliche Aktion wieder rückgängig machen kann. So kann z.B. das "Erzeugen" durch die Gegenmaßnahme "Vernichten" wieder rückgängig gemacht werden.

Für die Maßnahmen, mit denen die Informationsflußelemente (IE) andere IE beeinflussen, muß ebenfalls eine Gliederung aufgebaut werden. Sie können aus den analogen Überlegungen wie bei Materialflußelementen gewonnen werden. Bewegliche aktive Informationsflußelemente sollen nicht zugelassen sein, da die Beweglichkeit einer Steuerung im Modellsystem für die Betrachtung des Materialflusses keine Vorzüge gegenüber einer unbeweglichen bieten kann. Z.B. können auf FM befindliche Steuerungen genauso ohne Verlust an Richtigkeit für die Materialflußbetrachtung als unbewegliche Steuerungen modelliert werden. Folgende Tabelle zeigt die Herleitung von Maßnahmen für die Informationsflußelemente. Bei der Änderung eines Zustandes eines bewegliches PIE kann z.B. ein Auftrag 3 Teile zu fertigen auf 5 erhöht werden.

Maßnahmen als Folge einer Änderung des Zustandes von Informationsflußelementen	
Änderung des Zustandes von	Maßnahme
bewegl. PIE unbew. PIE bewegl. AIE unbew. AIE	Zustandsänderung Zustandsänderung Zustandsänderung Zustandsänderung
PIE passives Informationflußelement AIE aktives Informationsflußelement	

Tabelle 13: Herleitung von Maßnahmen, die aus der Änderung des Zustandes von Informationsflußelementen entstehen

Bei der Änderung der Existenz eines beweglichen PIE kann z.B. ein Auftrag erzeugt oder vernichtet werden.

Maßnahmen als Folge einer Änderung der Existenz von Informationsflußelementen	
Änderung des Zustandes von	**Maßnahme**
bewegl. PIE	Erzeugen
unbew. PIE	n.a.
bewegl. AIE	n.a.
unbew. AIE	n.a.
PIE passives Informationsflußelement AIE aktives Informationsflußelement n.a. nicht anwendbar	

Tabelle 14: Herleitung von Maßnahmen, die aus der Änderung
der Existenz von Informationsflußelementen
entstehen

Bei der Änderung der Beziehungen der IE kann z.B. ein
Auftrag von einer Auftragsliste zur nächsten weitergegeben
werden.

Maßnahmen als Folge einer Änderung der Beziehung von Informationsflußelementen		
Änderung der Beziehung von	**mit**	**Maßnahme**
bewegl. PIE	bewegl. PIE	n.a.
	unbew. PIE	Speichern
	unbew. AIE	Zustandsänderung
unbew. PIE	bewegl. PIE	Speichern
	unbew. PIE	n.a.
	unbew. AIE	Zustandsänderung
unbew. AIE	bewegl. PIE	Zustandsänderung
	unbew. PIE	Zustandsänderung
	unbew. AIE	Aufruf eines AIE
PIE passives Informationsflußelement AIE aktives Informationsflußelement n.a. nicht anwendbar		

Tabelle 15: Herleitung von Maßnahmen, die aus der Änderung
der Beziehung von Informationsflußelementen
entstehen

Zur Abbildung von Schaltzeiten in aktiven Informationsflußelementen oder des Wartens auf zusätzliche Signale kann der Aufruf einer Steuerung für eine definierte Zeit verzögert werden. Dafür wird ebenfalls eine entsprechende Maßnahme vorgesehen.

Eine detaillierte Darstellung der Syntax und des Einsatzes von Maßnahmen als Teil einer Beschreibungssprache für Steuerungen folgt.

Passive unbewegliche Informationsflußelemente werden durch Datenspeicher dargestellt, die Datenelemente aufnehmen, um die Kommunikation von Steuerungen sicherzustellen. Ein Datenspeicher soll hier als Liste bezeichnet werden. Die Einsatzbereiche von Listen sind breit gefächert. Eindimensionale Listen mit Entnahme der Daten können z.B. der Darstellung von Auslagerwünschen, Fertigungsaufträgen in Briefkästen dienen, über die aktive Informationsflußelemente miteinander kommunizieren können. Mehrdimensionale Listen, deren Daten nur gelesen werden, werden z.B. zur Speicherung von Fahrplänen, Arbeitsplänen, Stücklisten etc. benötigt. Diese Daten werden sinnvollerweise vor dem Beginn einer Simulation eingegeben. Eine Liste kann beliebig viele Datenelemente aufnehmen, da angenommen werden kann, daß in der Realität i.a. die Speicherkapazität von Datenträgern keinen Engpaß für das Materialflußgeschehen darstellen soll. Ist dies dennoch der Fall, so muß das über eine spezielle Anwendersteuerung abgebildet werden. Die Liste kann nur einen bestimmten Typ eines Datenelements aufnehmen, weil eine freie Typzuweisung in einer Liste die Realisierung der VMMR erheblich erschweren würde. Wird mehr als ein Datenelement gespeichert, so ist die Art der Ablage und des Zugriffs auf eines der Elemente zu regeln. Das Format der Ablage kann 0, 1, 2-dimensional sein, damit ein geordneter Zugriff auf die Datenelemente möglich ist. Mehr als 2 Dimensionen einer Liste sollen zugunsten einer einfacheren Realisierung nicht vorgesehen werden, da mehr-dimensionale Listen selten benötigt werden und notfalls aus 2-dimensionalen Listen zusammengesetzt werden können. Der Zugriff kann wahlfrei auf jeden beliebigen Platz oder nach einer vorbestimmten Reihenfolge geschehen. Hier sollen wiederum nur die wichtigsten Reihenfolgen LIFO und FIFO verwendet werden. Beim Zugreifen auf die Datenelemente können diese entweder vernichtet werden (entnehmen) oder erhalten bleiben (lesen). Das Listenelement wird nach diesen Kriterien in verschiedene Typen strukturiert.

<table>
<tr><td colspan="4" align="center">passive, unbewegliche Informationsflußelemente mit Speicherfkt.
(Listen)</td></tr>
<tr><td>Datenspeicher</td><td>Zugriffsart</td><td>Erfassung</td><td>Listentyp</td></tr>
<tr><td>1-dimensional</td><td>wahlfrei</td><td>lesend</td><td>1-d wf lesend</td></tr>
<tr><td>1-dimensional</td><td>wahlfrei</td><td>entnehmend</td><td>1-d wf entnehmend</td></tr>
<tr><td>1-dimensional</td><td>LIFO/FIFO</td><td>lesend</td><td>1-d sq lesend</td></tr>
<tr><td>1-dimensional</td><td>LIFO/FIFO</td><td>entnehmend</td><td>1-d sq entnehmend</td></tr>
<tr><td>2-dimensional</td><td>wahlfrei</td><td>lesend</td><td>2-d wf(loc) les.</td></tr>
<tr><td>2-dimensional</td><td>wahlfrei</td><td>entnehmend</td><td>2-d wf(loc) entn.</td></tr>
<tr><td>2-dimensional</td><td>LIFO/FIFO</td><td>lesend</td><td>2-d sq(loc) les.</td></tr>
<tr><td>2-dimensional</td><td>LIFO/FIFO</td><td>entnehmend</td><td>2-d sq(loc) entn.</td></tr>
<tr><td>wf</td><td colspan="3">mit wahlfreiem Zugriff</td></tr>
<tr><td>sq</td><td colspan="3">mit sequentiellem Zugriff</td></tr>
<tr><td>loc</td><td colspan="3">Koordinate des Zugriffs
(c1,c2,) mit c... Konstante</td></tr>
<tr><td>LIFO</td><td colspan="3">last in first out</td></tr>
<tr><td>FIFO</td><td colspan="3">first in first out</td></tr>
</table>

Tabelle 16: Struktur der passiven Informationsflußelemente

Um Listen sinnvoll handhaben zu können, muß es möglich sein, die Koordinate (loc) des Zugriffs während der Simulation in Abhängigkeit von Systemzuständen bestimmen zu können.

6.1.4 BEWEGLICHE INFORMATIONSFLUSSELEMENTE

Bewegliche Informationsflußelemente sollen wie bereits erläutert nur als passive Elemente abgebildet werden. Bewegliche passive Informationsflußelemente in Fertigungssystemen können einerseits von beweglichen Materialflußelementen (FM, FHM, FG) als Attributswerte mitgeführt werden oder selbstständig als Daten im Informationsfluß (Materialfluß-Pfeile, Listen) transportiert werden. Daten dienen dem Speichern von Informationen über ein Fertigungssystem. Dabei soll hier nur das für einen Materialflußprozeß relevante Wissen behandelt werden, um die Datenmenge möglichst gering zu halten. Relevantes Wissen über einen Materialflußprozeß wird z.B. in den Daten über Eigenschaften und Zustände in Elementen eines Fertigungsystems gespeichert. Weitere Daten, die der Steuerung des Systems dienen, sind z.B. in Fahrplänen, Arbeitsplänen, Stücklisten, Lagerlisten, Arbeitsfolgen etc.

enthalten. Diese Daten können während des Fertigungsprozesses erzeugt, verändert oder schon vor Beginn der Fertigung festgelegt worden sein.

6.1.5 SPRACHELEMENTE ZUR BERÜCKSICHTIGUNG VON RANDBEDINGUNGEN DES MODELLIERTEN FERTIGUNGSPROZESSES

Mit den erläuterten Sprachelementen werden nur Aktionen ausgelöst, wenn ein Materialflußereignis vorausging. Es gibt in Fertigungsprozessen aber auch wichtige Prozesse, die ohne Anstoß eines Materialflußereignisses ausgelöst werden. Dies ist besonders zur Abbildung von Prozessen, wie z. B. Störungen, Teileerzeugung, getakteter Vernichtung etc., sinnvoll. Meist entstehen die zugehörigen Ereignisse nach einer bestimmten Startzeit intervallartig bis zu einer bestimmten Stopzeit. Alle Zeiten können durch stochastische Verteilungen bestimmt sein. Durch eine spezielle Kombination eines initialisierenden Materialflußelements und einer globalen, sich selbst aufrufenden Steuerung kann ein solches Verhalten bereits mit den behandelten Sprachelementen modelliert werden. Allerdings ist dies mit einer umständlichen Eingabe verbunden, die dem Benutzer unter der Zielsetzung einer hohen Einfachheit nicht zugemutet werden kann. Deshalb soll dieses wichtige Verhalten durch ein zusätzliches unbewegliches aktives Informationsflußelement, ein sogenanntes Generatorelement, abgebildet werden. Ein Generatorelement benötigt ein Grundverhalten, das die Maßnahme des Generators zu einem bestimmten Zeitpunkt startet, in zeitlichen Intervallen aktiv sein läßt und zu einer vorgegebenen Zeit wieder beendet. Zugunsten einer einfacheren Implementierung des Generatorelements auf einer Rechenanlage soll die Maßnahme, die ein Generator ausführen kann, nur aus einem Aufruf einer globalen Steuerung bestehen. Diese kann dann mehrere vom Anwender definierte Maßnahmen veranlassen, die in der Reihenfolge der Eingabe zum Aktionszeitpunkt des Generators ausgeführt werden.

6.1.6 ÜBERSICHT ÜBER DIE DEFINIERTEN SPRACHELEMENTE

In den vorigen Kapiteln wurden Bausteine entwickelt, die aus den genannten Gründen für die Modellierung eines Fertigungssystems zur diskreten Simulation als sinnvoll erscheinen. In folgender Tabelle werden diese Fertigungselemente mit ihren Einzelkomponenten zusammengefaßt dargestellt.

Element	Bereich	Bewegl.keit	Aktivität	Bezeichnung	ZB (Attr.)	ZÜB (Steuerungen)	
						El.st.	Anwst.
F E	MF	unbewegl.	aktiv	K,B,R,M	●	●	●
			passiv	Weg, Lager	●	–	–
		bewegl.	aktiv	FM	●	●	●
			passiv	FHM, FG	●	–	–
	IF	unbewegl.	aktiv	lok.,gl.,St.	●	● / –	●
			passiv	Liste	●	–	–
		bewegl.	aktiv	.	–	–	–
			passiv	Daten	●	–	–

–   nicht vorhanden   FE Fertigungselement   K Kette   R Rutsche
●   vorhanden   MF Materialfluß   B Band   M Maschine
                  IF Informationsfluß

Bild 16: Übersicht über die definierten Sprachlemente

6.2 ABBILDUNG UNBEWEGLICHER MATERIALFLUSSELEMENTE

Wie oben hergeleitet wurde, ist wegen der unterschiedlichen
Eigenschaften der aktiven Materialflußelemente eine
Unterteilung in verschiedene Elementtypen vorgenommen
worden. Ihre Abbildung soll hier im einzelnen erläutert
werden.

6.2.1 ABBILDUNG UNBEWEGLICHER AKTIVER MATERIALFLUSSELEMENTE

Unbewegliche aktive Materialflußelemente sind feststehende
Sprachelemente des Modellnetzwerkes. Sie wurden oben
ausgehend von einem Einzelplatz in serieller und paralleler
Art erweitert und in die Sprachlemente "Maschine", "Kette",
"Band", "Rutsche" untergliedert. Bei den seriellen Elementen
ist die Länge der aufgenommenen Teile für den Fortgang des
Tranports von beweglichen Elementen durch eine Anlage und
eine eindeutige Definition des Stauverhaltens wichtig. Im
folgenden wird die Abbildung der unbeweglichen aktiven
Materialflußelemente näher erläutert.

"KETTE"

Wie oben hergeleitet, ist die "Kette" ein serielles Element mit getaktetem Ein- und Ausgang und gleicher Verweildauer für alle Teile. Der Ein- und Ausgangstakt wird der Anschaulichkeit halber durch Gehängeabstände und die Geschwindigkeit der "Kette" bestimmt. Auch wenn die Länge eines Beweglichen Elements größer als der Gehängeabstand sein sollte, wird angenommen, daß ein bewegliches Element zwischen zwei Gehänge paßt. Dadurch wird ein konstanter Eingabetakt am Eingang gewährleistet. Ist dies nicht der Fall, und beeinflußt diese Tatsache die Richtigkeit der Simulation, so muß durch Anwendersteuerungen dafür gesorgt werden, daß diese Tatsache entsprechend berücksichtigt wird. Durch den festen Takt der "Kette" an Ein- und Ausgang werden verschiedene hintereinandergeschaltete "Ketten" automatisch synchronisiert. Dabei ist immer der Takt der langsamsten "Kette" als maximale Taktgeschwindigkeit für alle anderen in einer Reihe der "Kette" gültig. Der Taktzeitpunkt am Eingang einer "Kette" gibt dabei den Augenblick an, bei dem ein "Gehänge bereitsteht" und ein bewegliches Element einer Vorgängeranlage mitnehmen kann. Somit wartet das bewegliche Element in der Vorgängeranlage solange, bis dieser Zeitpunkt erreicht wird, und es endlich austreten kann. Haben in Reihe geschaltete "Ketten" den gleichen Takt, so ist bei störungsfreiem Betrieb dieser Wartevorgang nur einmal notwendig. Von da an laufen die "Ketten" automatisch synchron. Der nächste Taktzeitpunkt, bei dem ein Eintritt eines Teils am Eingang der "Kette" möglich ist, wird bei jedem Taktzeitpunkt neu berechnet:

$$\text{Taktzeitpunkt} \leftarrow \text{Taktzeitpunkt} + \text{Gehängeabstand/Vkette}[49]$$

Bei Start des Systems soll vereinbart werden:

$$\text{Taktzeitpunkt} \leftarrow 0$$

Für den Austritt eines beweglichen Elementes in der "Kette" wird die früheste Austrittszeit des ersten beweglichen Elementes in der "Kette" auf dem Ereignisstrahl mit einem Ereignis, AUS(Kette x), vermerkt. Nach dem Austritt eines beweglichen Elementes wird die neue früheste Austrittszeit wie folgt berechnet:

---

[49] Der Zuweisungspfeil ($\leftarrow$) bedeutet, daß dem Term auf der linken Seite der Wert des Terms auf der rechten Seite zugewiesen werden soll. Der Pfeil ist dem Gleichheitszeichen (=) vorzuziehen, da die Zuweisung z = z+1 aus mathematischer Sicht unrichtig ist.

AUSZeit <- AUSZeit + (n+1)*Gehängeabstand) / Vkette

    mit n = Anzahl der leeren Gehänge vor dem nächsten beweglichen Element

Wenn ein Teil in die leere "Kette" eintritt, wird die erste AUSZeit folgendermaßen berechnet:

    AUSZeit <- Lkette / Vkette

An jedem Ein- oder Ausgang einer "Kette" können mehrere Vorgänger oder Nachfolger angekoppelt sein. Dadurch lassen sich Ein- und Ausschleusestationen aufbauen. Folgendes Bild verdeutlicht diese Sachverhalte.

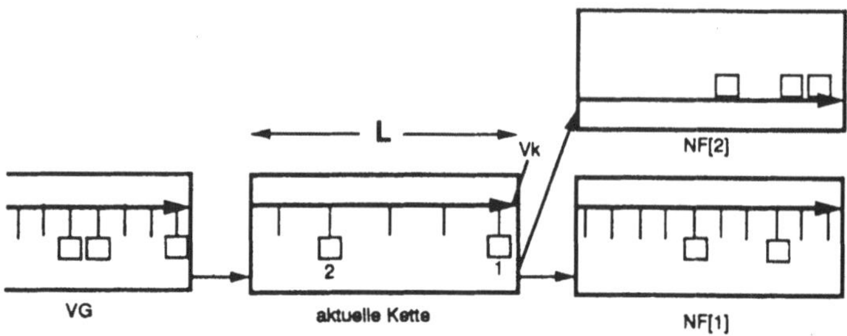

    mit   Auszeit1 <- LSZ
          Auszeit2 <- (3*Gehängeabstand) / LSZ + Vkette
          LSZ = laufende Simulationszeit
          NF = Nachfolger
          VG = Vorgänger

Bild 17: Berechnungen bei einer "Kette"

Folgende Tabelle beschreibt das Grundverhalten der "Kette".

Grundverhalten einer "Kette"	

Einlagerung	- wenn EIN Kette und LSZ = Taktzeitpunkt und Eingang entsperrt, dann Steuerung am Eingang aktivieren
	- wenn Umlagerung von Vorg. nach Kette y, dann
	  - Inhalt <- Inhalt + 1
	  - neuen Taktzeitpunkt berechnen und VG-Kette zu Taktzeitpunkt mit AUS x einordnen
	  - früheste Austrittszeit am BE vermerken
	  - wenn Inhalt = Kapazität, dann Eingang sperren

Verarbeitung	- wenn Störung, dann alle geplanten Ereignisse aus Ereignisliste entnehmen und an Kette binden. Beim Entstören alle entfernten Ereignisse wieder in Ereignisliste einfügen - Maßnahmen ausführen - wenn Umlagerwunsch und Eingang gesperrt, dann Blockieren von Vorgänger und Kette - wenn Kette blockiert und Eingang entsperrt, dann Entblockieren aller blockierten Vorgänger - wenn Kette y Zusammenführsteuer. am Eingang besitzt, dann Einordnen von EIN (Kette y) zu nächstem Taktzeitpunkt, sonst VG-Anlage mit AUS zu LSZ einordnen

Auslagerung	- wenn AUS y erreicht, dann Aktivieren von Steuerung am Ausgang und neue Maßnahme ausführen
	- wenn Umlagerung von Kette y nach NF, dann
	  - Inhalt <- Inhalt - 1
	  - Austrittszeit des nächsten BE berechnen und Einordnen von AUS y zu dieser Zeit
	  - wenn Inhalt <- Kapazität - 1, dann Entsperren des Eingangs

LSZ laufende Simulationszeit BE bewegliches Element VG Vorgänger NF Nachfolger	

Tabelle 17: Einlager-, Verarbeitungs- und Auslagerverhalten einer "Kette"

Folgende Tabelle faßt die Attribute einer "Kette" zusammen.

Attribute einer "Kette"		
Klasse	Instanz	Bedeutung
Symbol		dient zur Darstellung des Elements im Modellnetzwerk
Attribute bei Eingabe des Elements	Bezeichner max.Kapazität Länge Gehängeabstand Durchlaufzeit Verkettung freie Attribute	Ident des Elements max. Inhalt des Elements Länge der Kette in Meter Gehängeabstand in Meter Zeit in s Vorgänger-/Nachfolger- und Steuerungselemente freie Attribute zur be- liebigen Verwendung z.B. Text 1..n, Zahl 1..n, Objekt 1..n
Attribute bei Laufzeit des Verfahrens	Inhalt BE-Zeiger Störzeitende Blockierliste Sperrzeitende Geschwindigkeit	Anzahl der BE in d. Kette Zeiger auf Bewegl. Elem. Ende einer Störung blockierte Vorg. d. Kette Ende des Sperrzustandes am Eingang Geschwindigkeit in m/s
BE	bewegliches Element	

Tabelle 18: Attribute der "Kette"

"BAND"

Im Gegensatz zur "Kette" ist ein "Band" ein Element, in dem
alle beweglichen Elemente ungetaktet aufgenommen und
abgegeben werden. Damit haben aufgenommene Teile einen
Abstand, der von dem zeitlichen Eintritt in das "Band" und
nicht durch einen Gehängeabstand bestimmt wird. Die Teile
behalten auch bei Blockierungen des Ausgangs diesen Abstand
bei. Bei der Aufnahme von beweglichen Elementen auf ein
"Band" spielt das Stauverhalten des "Bandes" und die
Ausdehnung der Teile eine wichtige Rolle. Wird ein Teil auf

ein zweites "Band" weitergegeben, so muß das Überstehen des Teils in das erste "Band" in bezug auf dessen Stauverhalten berücksichtigt werden. Bei ereignisdiskreter Abarbeitung gilt deshalb ohne Einschränkung der Richtigkeit der Abbildung folgendes:

> Man bewegt ein Teil, soweit wie ohne Stau möglich, nach vorne und vermerkt den frühesten Stau- oder Austrittszeitpunkt als nächsten Stau oder Austrittszeitpunkt

Zur Vereinfachung der Berechnungen gilt:

> Der Referenzpunkt eines Teils, der seinen Aufenthaltsort bestimmt, liegt am Anfang des Teils.

Bei der Übergabe von Teilen zwischen "Bändern" unterschiedlicher Geschwindigkeit wird vereinbart:

> Die Geschwindigkeit des "Bandes" am Ort des Referenzpunktes des Teils ist gleich der Geschwindigkeit
> des Teils.

Für die folgenden Fälle sind dann die aufgeführten Berechnungen nötig. Dabei ist "linnen" die Länge des Teils in dem aktuellen "Band" und "laußen" die Länge des Teils außerhalb des aktuellen "Bandes":

Fall 1: Übergabe eines Teils ohne überstehendes Teil am
         Ausgang des aktuellen "Bandes"

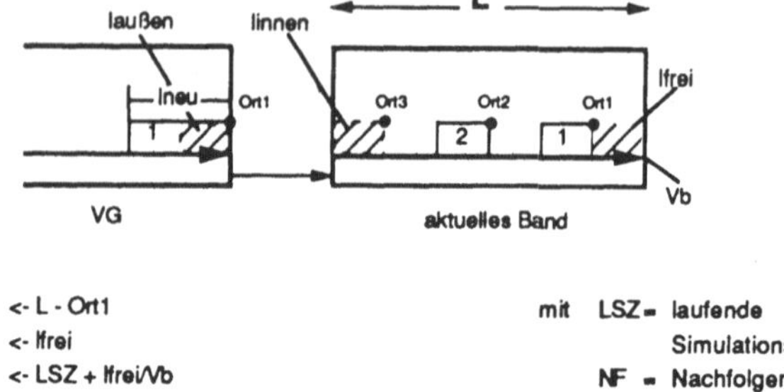

lfrei   <- L - Ort1   mit LSZ = laufende
Stauort   <- lfrei   Simulationszeit
Stauzeit   <- LSZ + lfrei/Vb   NF = Nachfolger
wenn   lfrei > lneu   VG = Vorgänger
dann   linnen <- lneu
       laußen <- 0
sonst linnen <- lfrei
       laußen <- lneu - lfrei
früheste Austrittszeit <- L/Vb

Bild 18: Berechnung bei Übergabe ohne überstehendes Teil

Fall 2: Übergabe eines Teils mit überstehendem Teil am
         Ausgang des aktuellen "Bandes"

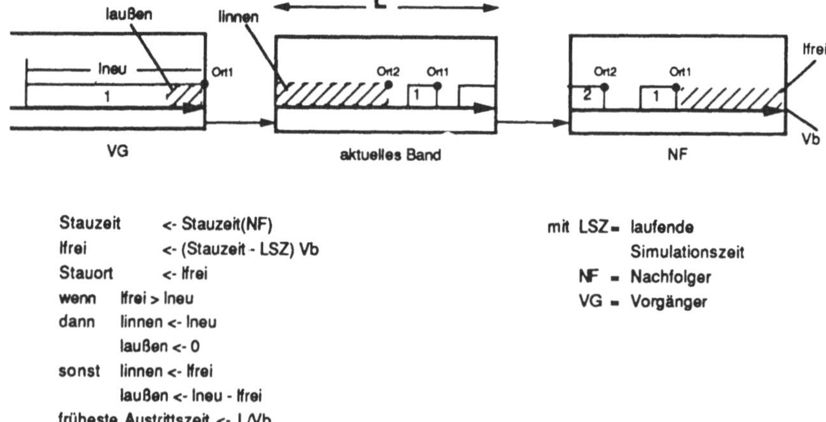

Stauzeit   <- Stauzeit(NF)   mit LSZ = laufende
lfrei   <- (Stauzeit - LSZ) Vb   Simulationszeit
Stauort   <- lfrei   NF = Nachfolger
wenn   lfrei > lneu   VG = Vorgänger
dann   linnen <- lneu
       laußen <- 0
sonst linnen <- lfrei
       laußen <- lneu - lfrei
früheste Austrittszeit <- L/Vb

Bild 19: Berechnungen bei Übergabe mit überstehendem Teil

Der berechnete Stauzeitpunkt wird als Auslagerungsereignis
in die Ereignisliste eingetragen und das "Band" dann zu dem
Zeitpunkt der Staumöglichkeit aufgerufen, um neue Berechnungen bezüglich der Fortbewegung der Teile auszuführen:

Fall 3: Vorrücken der Teile ohne überstehendes Teil am
         Ausgang des aktuellen "Bandes"

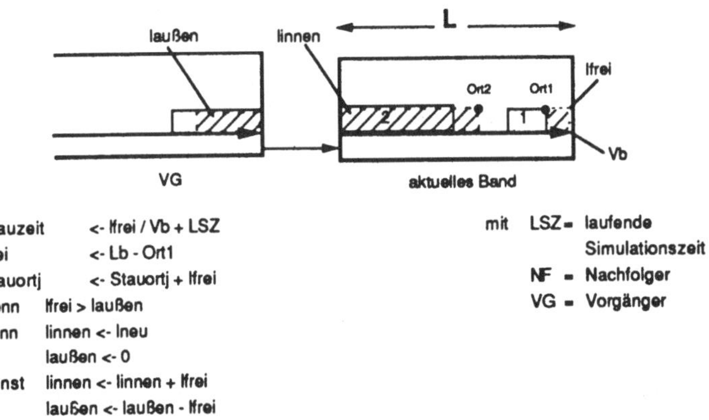

Bild 20: Berechnung der neuen Stauzeiten beim Vorrücken ohne
          überstehendes Teil

Fall 4: Vorrücken der Teile mit überstehendem Teil am
         Ausgang des aktuellen "Bandes"

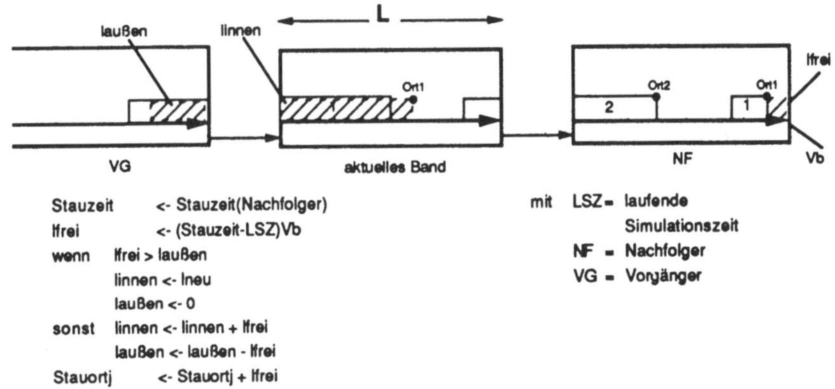

Bild 21: Berechnungen beim Vorrücken mit überstehendem Teil

Folgende Tabelle beschreibt das Grundverhalten eines "Bandes".

<table>
<tr><td colspan="2" align="center">Grundverhalten eines "Bandes"</td></tr>
<tr>
<td>Einlagerung</td>
<td>

- wenn EIN(Band)und Eingang entsperrt,
    dann Steuerung am Eingang aktivieren
- wenn Umlagerung von Vorg. nach Band y, dann
    - Inhalt <- Inhalt + 1
    - obige Berechnungen ausführen
    - früheste Austrittszeit am BE vermerken
    - erste BE zu Stauzeit einordnen
    - wenn Inhalt = Kapazität, dann Eingang
      sperren

</td>
</tr>
<tr>
<td>Verarbeitung</td>
<td>

- wenn Störung, dann alle geplanten Ereignisse aus
    Ereignisliste entnehmen und an Band binden.
    Beim Entstören alle entfernten Ereignisse
    wieder in Ereignisliste einfügen
- Maßnahmen ausführen
- wenn Umlagerwunsch und Eingang gesperrt,
    dann Blockieren von Vorgänger und Band
- wenn Band blockiert und Eingang entsperrt,
    dann Entblockieren aller blockierten Vorgänger
    - wenn Band Zusammenführsteur. am Eingang
      besitzt, dann Einordnen von EIN (Band y) zu LSZ
- wenn Stauzeit erreicht, dann Teile vorrücken und
    erneut Berechnungen durchführen

</td>
</tr>
<tr>
<td>Auslagerung</td>
<td>

- wenn AUSy erreicht, dann Aktivieren von Steuerung
    am Ausgang und neue Maßnahme ausführen
- wenn Umlagerung von Band y nach Nachfolger
    dann
    - Inhalt <- Inhalt - 1
    - Austrittszeit des nächsten BE berech-
      nen und Einordnen von AUSy zu der Zeit
    - wenn Inhalt <- Kapazität - 1,
      dann Entsperren des Eingangs

</td>
</tr>
<tr>
<td>LSZ
BE</td>
<td>laufende Simulationszeit
bewegliches Element</td>
</tr>
</table>

Tabelle 19: Einlager-, Verarbeitungs- und Auslagerverhalten eines "Bandes"

Folgende Tabelle faßt die Attribute eines "Bandes" zusammen.

Attribute eines "Bandes"		
Klasse	**Instanz**	**Bedeutung**
Symbol		dient zur Darstellung des Elements im Modellnetzw.
Attribute b. Eingabe des Elements	Bezeichner Kapazitätsgrenze Länge Durchlaufzeit Verkettung freie Attribute	Ident des Elements max. Inhalt des Elements Länge des Bandes in Meter Zeit in s Vorgänger-/Nachfolger- und Steuerungselemente freie Attribute zur be- liebigen Verwendung z.B. Text 1..n, Zahl 1..n Obj. 1..n
Attribute bei Laufzeit des Verfahrens	Inhalt BE-Zeiger Störzustand Blockierliste Stauzeitpunkt Sperrzeitende linnen laußen	Anzahl der BE Zeiger auf Bewegl. Elemente Störung ja/nein blockierte Vorgänger Zeitpunkt des am frühest. zu erwartenden Staus Zeitpunkt des zu erwar- tenden Endes einer Sperrg. Länge des letzten BE, das sich bis zum Stauzeitpkt. im Inneren des Bandes befinden Länge des zuletzt abgegeb. BE, das sich bis zum Stau- zeitpunkt der NF-Anlage noch innerhalb des Bandes befindet
BE NF	bewegliches Element Nachfolger	

Tabelle 20: Attribute des "Bandes"

"RUTSCHE"

Die "Rutsche" ist ein serielles Element. Der Teileabstand ist hier nicht konstant, weil bei Blockierung des Ausgangs die Teile sich so lange weiterbewegen, bis sie aufeinander aufgerutscht sind. Sie besitzt einen Takt am Ein- und Ausgang. Auch hier spielt wie bei einem "Band" das Stauverhalten und die Ausdehnung der Teile eine wichtige Rolle. Es gelten wie dort die gleichen Grundsätze. Es sind auch hier wieder Berechnungen nötig, die jedoch nur einmalig bei der Übergabe des Teils ausgeführt werden müssen, da sich die Geschwindigkeit des übergebenen Teils nicht verändernd auf die Geschwindigkeit der rutschenden Teile auswirkt.

Fall 1:   Übergabe eines Teils

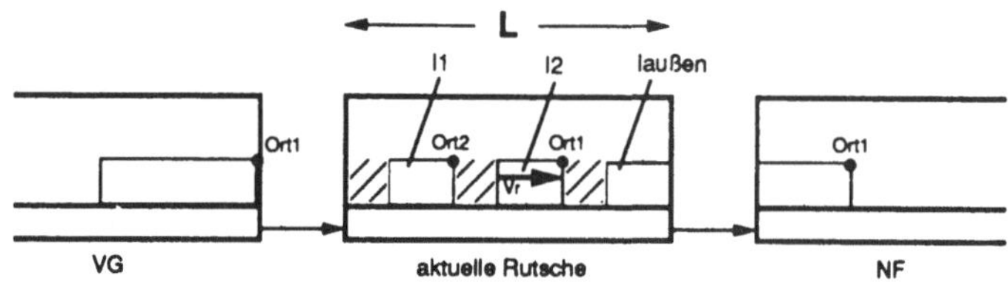

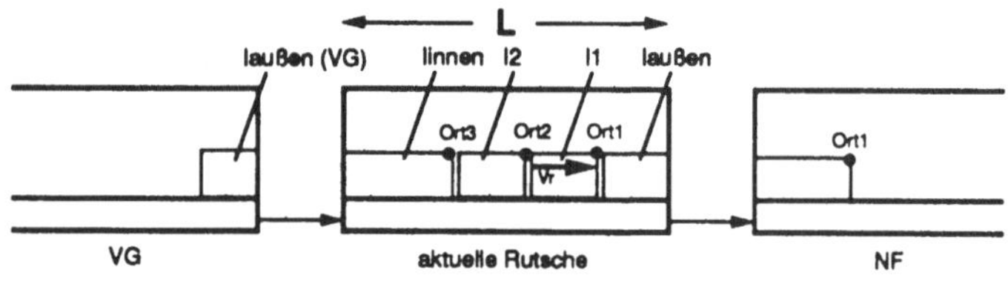


```
lfrei       <- L - Σ(li) - laußen        mit  LSZ = laufende
Stauort     <- lfrei                               Simulationszeit
Stauzeit    <- LSZ + lfrei/Vr            NF  = Nachfolger
wenn   lfrei > lneu                      VG  = Vorgänger
dann   linnen      <- lneu
       laußen(VG)      <-0
sonst  linnen      <- lfrei
       laußen(VG)   <- lneu - lfrei
```

Bild 22: Berechnungen bei Übergabe eines Teils

Fall 2: Vorrücken der Teile

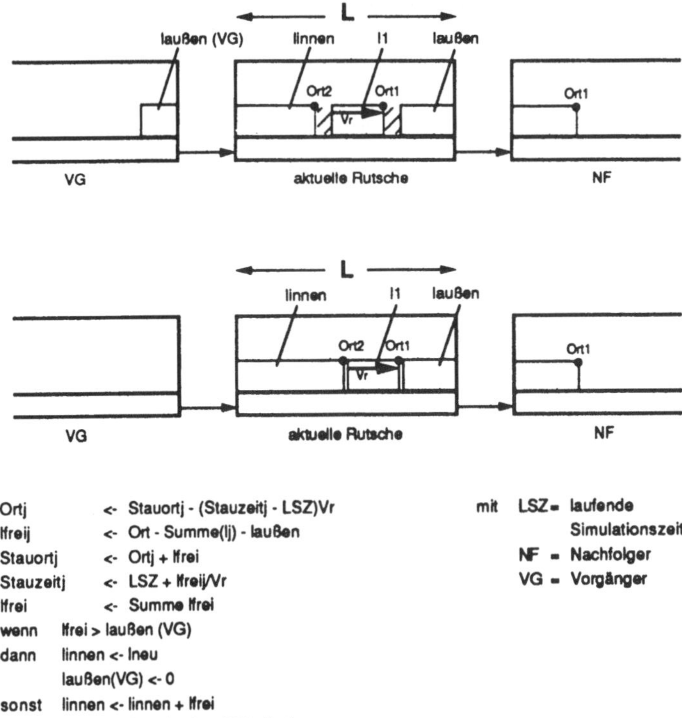

Bild 23: Berechnung der neuen Stauzeiten beim Vorrücken ohne
         überstehendes Teil

Der berechnete Stauzeitpunkt wird als Auslagerereignis in
die Ereignisliste eingetragen und die "Rutsche" dann zu dem
Zeitpunkt der Staumöglichkeit aufgerufen. Ist das
überstehende Teil des Vorgängers noch vorhanden, so wird
obige Berechnung nochmals ausgeführt. Ist es jedoch
verschwunden, so handelt es sich um eine reguläre
Auslagerung, so daß die im folgenden EVA-Diagramm einer
"Rutsche" angegebenen Regeln gelten.

Grundverhalten einer "Rutsche"	

Einlagerung	- wenn EIN(Rutsche) und Eingang entsperrt, dann Steuerung aktivieren
	- wenn Umlagerung von VG nach Rutsche y, dann
	  - Inhalt <- Inhalt + 1
	  - obige Berechnungen ausführen
	  - früheste Austrittszeit am BE vermerken
	  - BE zu Stauzeit einordnen
	  - Taktzeitende(E) <- LSZ + Takt(E)
	  - Eingang bis Takzeitende(E) sperren
	  - wenn Inhalt = Kapazität, dann Eingang sperren

Verarbeitung	- wenn Störung, dann alle geplanten Ereignisse aus Ereignisliste entnehmen und an Rutsche binden. Beim Entstören alle entfernten Ereignisse wieder in Ereignisliste einfügen - Maßnahmen ausführen - wenn Umlagerwunsch und Eingang gesperrt, dann Blockieren v. Vorgänger und Rutsche - wenn Rutsche blockiert und Eing. entsperrt, dann Entblockieren aller blockierten Vorgänger - wenn Rutsche y Zusammenführst. am Eingang besitzt, dann Einordnen von EIN (Rutsche y) zu LSZ, sonst VG-Anlage mit AUS zu LSZ einordnen - wenn Stauzeit erreicht, dann Teile vorrücken und erneut Berechnungen durchführen

Auslagerung	- wenn AUSy erreicht, dann Aktivieren von Steuerung und am Ausgang neue Maßnahme ausführen
	- wenn Umlagerung von Rutsche y nach Nachfolger, dann
	  - Inhalt <- Inhalt - 1
	  - Austrittszeit des nächsten BE berechnen und Einordnen von AUSy zu der Zeit
	  - wenn Inhalt <- Kapazität - 1, dann Entsperren des Eingangs
	  - Taktzeitende(A) <- LSZ + Takt(A)
	  - Sperrzeitende(A) <- Taktzeitende

LSZ	laufende Simulationszeit		
BE	bewegliches Element	E	Eingang
VG	Vorgänger	A	Ausgang

Tabelle 21: Einlager-, Verarbeitungs- und Auslagerverhalten einer "Rutsche"

Folgende Tabelle faßt die Attribute einer "Rutsche" zusammen.

Attribute einer "Rutsche"		
Klasse	Instanz	Bedeutung
Symbol		dient zur Darstellung des Elements im Modellnetzw.
Attribute bei Eingabe des Elements	Bezeichner Kapazität Länge Durchlaufzeit Taktzeit Ein/Aus Verkettung freie Attribute	Ident des Elements max. Inhalt des Elements Länge der Rutsche in m Zeit in s Takzeit in s an E/A Vorgänger-/Nachfolger- und Steuerungselemente freie Attribute zur be- liebigen Verwendung z.B. Text 1..n, Zahl 1..n, Obj. 1..n
Attribute bei Laufzeit des Verfahrens	Inhalt BE-Zeiger Störzustand Blockierliste Stauzeitpunkt Taktzeitende(E/A) Sperrzt.ende(E/A) Geschwindigkeit linnen lauβen	Anzahl der BE Zeiger auf Bewegl. Elemente Störung ja/nein blockierte Vorgänger Zeitpunkt des frühestens zu erwartenden Staus Ende des Takts an E/A Ende der Sperrung an E/A Geschwindigkeit in m/s Länge des letzten BE, das sich bis zum Stauzeitpkt. im Inneren d Rutsche bef. Länge des letzten BE, das sich bis zum Stauzeitpkt. außerhalb d. Rutsche bef.
BE E A	bewegliches Element Eingang Ausgang	

Tabelle 22: Attribute der "Rutsche"

<u>**"MASCHINE"**</u>

Die "Maschine" ist ein paralleles Element, das einen
wahlfreien Zugriff auf die Plätze innerhalb der "Maschine"
erlaubt. Am Ein- oder Ausgang kann ein Takt, der die
früheste Aufnahme oder Abgabe des nächsten Teils bestimmt,
eingegeben werden. Nach einer bestimmten Bearbeitungszeit,
wird versucht, die Teile wieder abzugeben. Die
Bearbeitungszeit kann je nach Platz der "Maschine" oder nach
dem Typ des Teils definiert sein. Das Grundverhalten einer
"Maschine", das sich für das Durchschleusen von Teilen, d.h.
der Ein-, Auslagerung und Verarbeitung von Teilen ergibt,
ist in folgender Tabelle aufgeführt.

Grundverhalten einer "Maschine"	

Einlagerung	- wenn EIN(Maschine) und Eingang entsperrt, dann Steuerung am Eingang aktivieren
	- wenn Umlagerung von VG nach Maschine y [Platz z], dann
	  - Inhalt <- Inhalt + 1
	  - früheste Austrittszeit am BE vermerken
	  - Taktzeitende (E) <- LSZ + Takt (E)
	  - Eingang bis Taktzeitende (E) sperren
	  - wenn Inhalt = Kapazität, dann Eingang sperren

Verarbeitung	- wenn Störung, dann alle geplanten Ereignisse aus Ereignisliste nehmen und an Maschine binden Beim Entstören alle entfernten Ereignisse wieder in Ereignisliste einfügen - Maßnahmen ausführen - wenn Umlagerwunsch und Eingang gesperrt, dann Blockieren von Vorgänger und Maschine - wenn Maschine blockiert und Eing. entsperrt, dann Entblockieren aller blockierten Vorgänger - wenn Maschine Zusammenführsteuer. am Eing. besitzt, dann Einordnen von EIN (Maschine y) zu LSZ, sonst VG-Anlage mit AUS zu LSZ einordnen

Auslagerung	- wenn AUSy erreicht, dann Aktivieren von Steuerung am Ausgang und neue Maßnahme ausführen
	- wenn Umlagerung von Maschine y [Platz z] nach Nachfolger, dann
	  - Inhalt <- Inhalt - 1
	  - bis Taktzeitende Ausgang sperren
	  - Austrittszeit des nächsten BE berechnen und Einordnen von AUSy zu der Zeit
	  - wenn Inhalt <- Kapazität - 1 und Taktende(Eingang) <= LSZ dann Entsperren des Eingangs
	  - Taktzeitende (A) <- LSZ + Takt (A)
	  - Ausgang bis Taktzeitende (A) sperren

LSZ laufende Simulationszeit BE bewegliches Element VG Vorgänger E Eingang A Ausgang	

Tabelle 23: Einlager-, Verarbeitungs- und Auslagerverhalten einer "Maschine"

Folgende Tabelle faßt die Attribute einer "Maschine" für die oben genannten Abläufe zusammen.

Attribute einer "Maschine"		
Klasse	Instanz	Bedeutung
Symbol	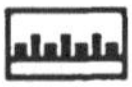	dient zur Darstellung des Elements im Modellnetzwerk
Attribute bei Eingabe	Bezeichner Kapazität Bearbeitungszeit Taktzeit E/A VG/NF-Verkettung freie Attribute	Ident des Elements max. Inhalt des Elements evtl. platz- /typabhängig Takt am Ein- Ausgang Eingabe über MF-Pfeile freie Attribute zur be- liebigen Verwendung z.B. Text 1..n,Zahl 1..n, Obj. 1..n
zusätzliche Attribute bei Laufzeit	Inhalt BE-Zeiger Störzustand Taktzeitende Sperrzeitende Blockierliste	Anzahl der Bew. Elemente Zeiger auf Bewegl. Elemente Störung ja/nein Ende des Takts an E/A Ende der Sperrung an E/A blockierte Vorgänger
VG Vorgänger NF Nachfolger BE bewegliches Element MF Materialfluß E Eingang A Ausgang		

Tabelle 24: Attribute der "Maschine"

6.2.2 ABBILDUNG UNBEWEGLICHER PASSIVER MATERIALFLUSSELEMENTE

Unbewegliche passive Materialflußelemente wurden in das Weg- und Lagerelement gegliedert. Ihre Abbildung wird hier beschrieben.

"WEG"

Der "Weg" ist ein serielles Element. Es dient der Aufnahme

von beweglichen Materialflußelementen. Ist ein "Weg" an andere aktive Elemente, wie "Maschinen", "Bänder" etc., angeschlossen, so wird der im Grundverhalten festgelegte Schiebemechanismus außer Kraft gesetzt, damit die abzugebenden Teile nicht unabsichtlich auf den passiven "Weg" umgelagert werden, sondern auf dem aktiven Element auf ein FM warten, das das Teil dort abholt. Als passives Element hat der "Weg" kein Grundverhalten. Die Stau- und Blockiervorgänge werden von den FM berechnet und verwaltet, die als aktive Elemente den "Weg" befahren. Das "Weg" besteht nur aus einem Satz von Attributen:

Attribute eines "Weges"		
Klasse	Instanz	Bedeutung
Symbol		dient zur Darstellung des Elem. im Modellnetzwerk
Attribute b. Eingabe des Elements	Bezeichner Kapazität Länge Verkettung freie Attribute	Ident des Elements max. Inhalt des Elements Länge des Weges in Meter PME, AME freie Attribute zur beliebigen Verwendung z.B. Text 1..n, Zahl 1..n, Obj. 1..n
Attribute bei Laufzeit des Verfahrens	Inhalt BE-Zeiger Störzustand Stauzeitpunkt linnen laußen	Anzahl der BE Zeiger auf Bewegliche Elem. Störung des Wegelements Zeitpunkt des frühestens zu erwartenden Staus Länge des letzten FM, das sich bis zum Stauzeitpkt. im Inneren d. Weges bef. Länge des letzten FM, das sich bis zum Stauzeitpkt. außerhalb d. Weges bef.
PME AME BE FM	passives Materialflußelement aktives Materialflußelement bewegliches Element Fördermittel	

Tabelle 25: Attribute des "Wegs"

<u>"LAGER"</u>

Das "Lager" ist aus einem parallelen Element zu einem
maximal dreidimensionalen Element entwickelt worden. Es
dient dem Puffern von beweglichen Elementen. Es wird
zwischen den Lagertypen Regallager, Durchlaufregallager und
Blocklager unterschieden, weil diese die wichtigsten Lagertypen sind /99, 100/. Die letzteren beiden bedingen eine
dreidimensionale Lagerstruktur. Bei Durchlauflagerung werden
die Güter nach FIFO- und bei Blocklagerung nach LIFO-Reihenfolge entnommen. Bei den dreidimensionalen Lagerarten gibt
eine Längeneinheit die Anzahl der Teile an, die in der dritten Dimension hintereinander gelagert werden. Die Eingabe
einer Platzkapazität gibt an, wie viele bewegliche Elemente
maximal in einem Fach gelagert werden dürfen. Soll ein
Regallager z.B. halbhohe Gitterboxen aufnehmen, so ist das
Lager als Blocklager mit Platzkapazität zwei zu sehen. In
folgender Tabelle sind die Attribute für das Lagerelement
dargestellt.

Attribute eines "Lagers"		
Klasse	Instanz	Bedeutung
Symbol		dient zur Darstellung des Elements im Modellnetzw.
Attribute b. Eingabe des Elements	bezeichner Lagertyp Platzkapazität Plätze in x-Rich. Plätze in y-Rich. Länge Höhe Verkettung freie Attribute	Ident des Elements Regall., Durchl., Blockl. Max. Anz. Teile je Platz Anzahl der Plätze in x-Richt. Anzahl der Plätze in y-Richt. Länge des Lagers in Meter Höhe des Lagers in Meter PME, AME freie Attribute zur be- liebigen Verwendung z.B. Text 1..n, Zahl 1..n, Obj. 1..n
Attribute bei Laufzeit des Verfahrens	Inhalt BE-Zeiger	Anzahl der BE Zeiger auf Bewegl. Elemente
PME AME BE	passives Materialflußelement aktives Materialflußelement bewegliches Element	

Tabelle 26: Attribute des "Lagers"

6.3 ABBILDUNG BEWEGLICHER MATERIALFLUSSELEMENTE

6.3.1. ABBILDUNG BEWEGLICHER AKTIVER MATERIALFLUSSELEMENTE

Bewegliche aktive Materialflußelemente (FM), wie z.B.
Gabelstapler, FTS-Fahrzeuge etc., sind parallele Elemente,
die FHM und FG transportieren. Sie können sich nur in
passiven unbeweglichen Materialflußelementen (z.B. Wegen)
aufhalten und sorgen selbst für ihre Weiterfahrt, die
Aufnahme und Abgabe von Teilen. Damit besteht ein
bewegliches aktives Materialflußelement (FM) aus einer
Transport-, Einlager- und Auslagerkomponente. Entsprechend
den Verhältnissen der realen FM besitzt es z.B.
unterschiedliche Geschwindigkeiten für die Vorwärts-,
Kurven- und Schleichfahrt. Die Zielfindung, Disposition,
Auf- und Abgabesteuerung mehrerer FM muß von einer
übergeordneten Steuerung aus erfolgen. Dazu besitzt das FM
Attribute, die den aktuellen Auftrag, den Standort und den
Fahrzustand speichern, so daß die Steuerung stets den
aktuellen Zustand eines FM und eines Auftrags übernehmen
kann. Die Übergabe und Übernahme von Teilen zu und von
anderen Elementen ist nur möglich, wenn diese an einen "Weg"
angeschlossen sind. Das FM wendet ein Ziehprinzip an, um
Teile von einem anderen Element zu entnehmen. Mit einem
Schiebe- und Blockierprinzip werden Teile zu anderen Anlagen
abgegeben. Da reale FM Teile meist nur parallel
transportieren können, ist es zulässig, eine parallele
Platzordnung für die vom FM aufgenommenen Teile vorzusehen.
Somit ist für diesen Vorgang kein Stauverhalten zu berechnen
nötig. Für das Umlagern der FM auf den "Wegen" sind jedoch
Berechnungen notwendig, da sich verschiedene FM auf den
Strecken aufstauen können. Die Berechnungen sind hier
grundsätzlich die gleichen wie bei
hintereinandergeschalteten "Rutschen", außer daß einzelne FM
verschiedene Geschwindigkeiten besitzen können. Jedes FM
berechnet die freie Weglänge und die Zeit, bei der es auf
das vor ihm befindliche Fahrzeug trifft:

Fall 1: Übergang eines FM

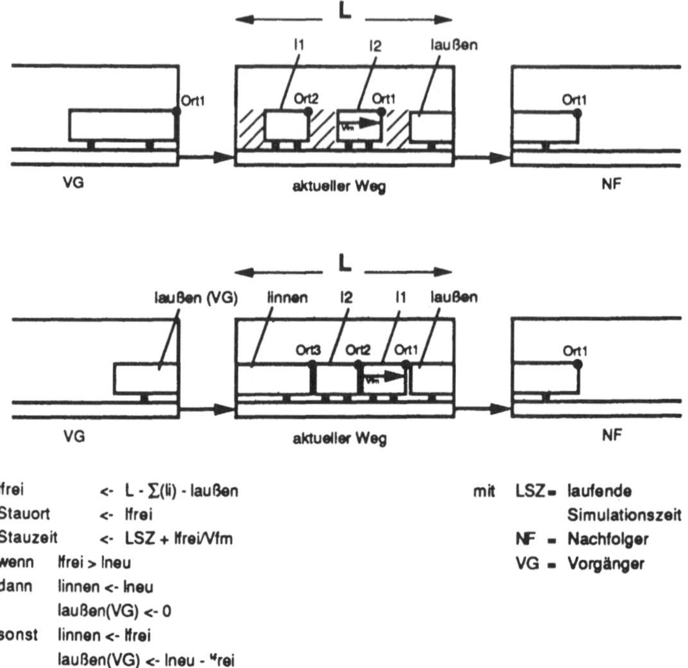

Ifrei   <- L - Σ(li) - laußen   mit   LSZ= laufende
Stauort   <- Ifrei   Simulationszeit
Stauzeit   <- LSZ + Ifrei/Vfm   NF = Nachfolger
wenn   Ifrei > Ineu   VG = Vorgänger
dann   linnen <- Ineu
        laußen(VG) <- 0
sonst   linnen <- Ifrei
        laußen(VG) <- Ineu - Ifrei

Bild 24: Berechnungen bei Übergang eines FM

Fall 2:   Vorrücken der FM

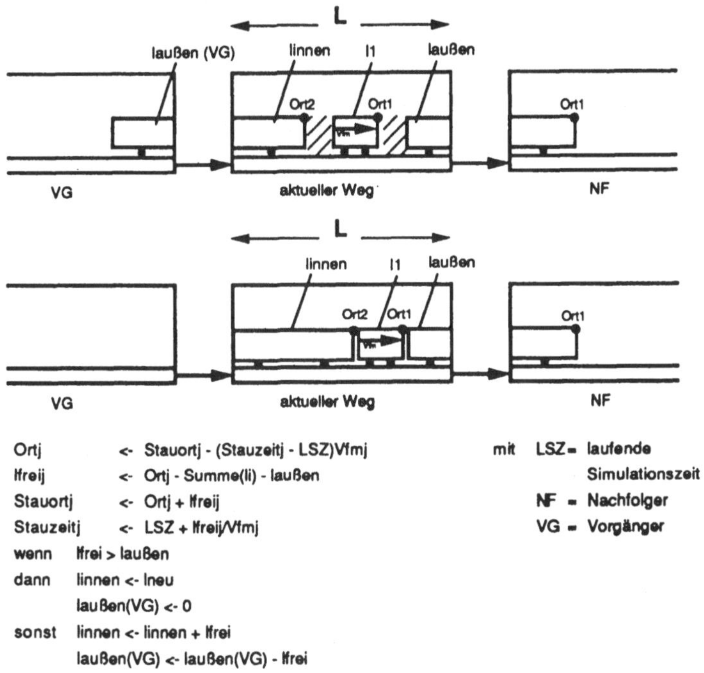

Ortj	<- Stauortj - (Stauzeitj - LSZ)Vfmj		mit	LSZ=	laufende
lfreij	<- Ortj - Summe(li) - laußen				Simulationszeit
Stauortj	<- Ortj + lfreij			NF =	Nachfolger
Stauzeitj	<- LSZ + lfreij/Vfmj			VG =	Vorgänger
wenn	lfrei > laußen				
dann	linnen <- lneu				
	laußen(VG) <- 0				
sonst	linnen <- linnen + lfrei				
	laußen(VG) <- laußen(VG) - lfrei				

Bild 25: Berechnung der Stauzeiten beim Vorrücken eines FM

Das Verhalten eines FM ist in folgender EVA-Tabelle dargestellt.

<table>
<tr><td colspan="2" align="center">Grundverhalten eines Fördermittels</td></tr>
<tr><td>Einlagerung</td><td>- wenn EIN(FM) und FM entsperrt,
     dann Steuerung am Eingang aktivieren
- wenn Umlagerung von VG nach FM, dann
     - Inhalt (FM) <- Inhalt + 1
- wenn Inhalt = Kapazität, dann FM sperren
- wenn Umlagerung des FM von Standort nach NF
     dann
     - Inhalt (NF) <- Inhalt + 1
     - obige Berechnungen ausführen
     - Weg sperren</td></tr>
<tr><td>Verarbeitung</td><td>- wenn Störung, dann alle geplanten Ereignisse aus
     Ereignisliste entnehmen und an FM binden.
     Beim Entstören alle entfernten Ereignisse
     wieder in Ereignisliste einfügen
- FM-Steuerung aktivieren
- wenn Umlagerwunsch und FM gesperrt,
     dann Blockieren v. Vorgänger und FM
- wenn FM blockiert und FM entsperrt, dann
     Entblockieren aller blockierten Vorgänger</td></tr>
<tr><td>Auslagerung</td><td>- wenn AUSy erreicht, dann Aktivieren von
     Steuerung und neue Maßnahme ausführen
- wenn Umlagerung von FM nach Nach-
     folger, dann
     - Inhalt <- Inhalt - 1
     - wenn Inhalt <- Kapazität - 1, dann
     Entsperren des Eingangs
- wenn Umlagerung des FM zu neuem Weg, dann
     - Austrittszeit des nächsten FM im aktuellen
     Weg berechnen und Einordnen des ersten FM
     - Inhalt (aktueller Weg) <- Inhalt - 1
     - obige Berechnungen für NF durchführen
     - früheste Austrittszeit am FM vermerken
     - FM zu Stauzeit einordnen</td></tr>
<tr><td>LSZ
FM
VG
NF</td><td>laufende Simulationszeit
Fördermittel
Vorgänger
Nachfolger</td></tr>
</table>

Tabelle 27: Einlager-, Verarbeitungs- und Auslagerverhalten
eines Fördermittels

Die Attribute eines Fördermittels werden in folgender Tabelle aufgeführt.

Attribute eines Fördermittels		
Klasse	Instanz	Bedeutung
Symbol	freie Eingabe durch Benutzer	dient zur Darstellung des Elem. im Modellnetzwerk
Attribute b. Eingabe des Elements	Bezeichner Kapazität Länge Vorwärts Geschw. Be-/ Entladezeit Verkettung Standort freie Attribute	Typ des Fördermittels max. Inhalt des Elements Länge des FM in Meter Geschwindigkeit in m/s Ladezeiten in s. übergeordnete Steuerung Ident des Wegs, auf dem das FM steht freie Attribute zur belieb. Verwendung z.B. Text 1..n, Zahl 1..n, Objekt 1..n
Attribute bei Laufzeit des Verfahrens	Nummer Inhalt BE-Zeiger Ziel der Fahrt Störzustand Blockierliste Stauzeitpunkt Sperrzt.ende(E/A)	Ident der Typklasse Anzahl der BE Zeiger auf Bewegl. Elem. Nr. des Wegelements Störung ja/nein blockierte Vorgänger Zeitpunkt des frühestens zu erwartenden Staus Ende der Sperrung an E/A
FM BE E A	Fördermittel bewegliches Element Eingang Ausgang	

Tabelle 28: Attribute der Fördermittel

6.3.2 ABBILDUNG BEWEGLICHER PASSIVER MATERIALFLUSSELEMENTE

FÖRDERHILFSMITTEL

Förderhilfsmittel unterstützen den Transport von Gütern. Sie nehmen nur Teile auf und können nicht bearbeitet werden. Als passive Elemente haben sie kein Grundverhalten. Ihre Attribute werden in folgender Tabelle zusammengefaßt.

Attribute eines Förderhilfsmittels		
Klasse	**Instanz**	**Bedeutung**
Symbol	freie Eingabe durch d. Benutzer	dient zur Darstellung des Elements im Modellnetzw.
Attribute b. Eingabe des Elements	Bezeichner Kapazität Verkettung Länge freie Attribute	Typ des FHM max. Inhalt des Elements FM und FG Länge eines FHM freie Attribute zur beliebigen Verwendung z.B. Text 1..n, Zahl 1..n, Objekt 1..n
Zusätzliche Attribute bei Laufzeit	Nummer Inhalt BE-Zeiger Entstehungszeit früh.Austrittsz.	Ident in der Typklasse Anzahl der BE Zeiger auf Bewegl. Elem. Zeit der Erzeug. des FHM Zeit des frühesten Austritts aus einem Element
FHM Förderhilfsmittel FM Fördermittel FG Fördergut BE bewegliches Element		

Tabelle 29: Attribute der Förderhilfsmittel

FÖRDERGÜTER

Fördergüter stellen Teile dar, die verarbeitet oder zur Verarbeitung benötigt werden. Da hier eine große Vielfalt von Teilen denkbar ist, die mit den unterschiedlichsten Attributen ausgestattet sein können, ist die Eingabe freier

Attribute von besonderer Bedeutung.

<table>
<tr><td colspan="3" align="center">Attribute eines Förderguts</td></tr>
<tr><td>Klasse</td><td>Instanz</td><td>Bedeutung</td></tr>
<tr><td>Symbol</td><td>freie Eingabe
durch Benutzer</td><td>dient zur Darstellung des
Elem. im Modellnetzwerk</td></tr>
<tr><td>Attribute bei
Eingabe des
Elements</td><td>Bezeichner
Länge
freie Attribute</td><td>Typ des FHM
Länge eines FHM
freie Attribute zur be-
liebigen Verwendung
z.B. Text 1..n, Zahl 1..n,
Objekt 1..n</td></tr>
<tr><td>Attribute
bei Laufzeit
des Verfahrens</td><td>Nummer
Entstehungszeit
früh.Austrittsz.</td><td>Ident in der Typklasse
Zeit der Erzeug. des FG
Zeit des frühesten Aus-
tritts aus einem Element</td></tr>
<tr><td>FHM
FG</td><td colspan="2">Förderhilfsmittel
Fördergut</td></tr>
</table>

Tabelle 30: Attribute eines Förderguts

6.4 ABBILDUNG UNBEWEGLICHER INFORMATIONSFLUSSELEMENTE

6.4.1 ABBILDUNG UNBEWEGLICHER AKTIVER INFORMATIONSFLUSS-ELEMENTE

Aktive Informationsflußelemente werden als lokale oder globale Steuerungen abgebildet. Lokale und globale Steuerungen unterscheiden sich nur in bezug auf ihre Aufrufmechanismen. Lokale Steuerungen werden immer nur durch ein Ein- oder Auslagerungsereignis eines aktiven Materialflußelements aufgerufen. Liegt keine vom Anwender definierte lokale Steuerung vor, so lagert die Grundsteuerung der AME stets das ein- oder austrittsbereite Teil vom ersten Vorgänger oder zum ersten Nachfolger um (s. Kap. 3.2.2). Globale Steuerungen können dagegen von lokalen oder globalen Steuerungen oder einem Generator aufgerufen werden. Globale Steuerungen besitzen kein Grundverhalten. Beide Elemente enthalten stets eine Ansammlung von Regeln, die zu relevanten Systemzuständen Maßnahmen auswählt. Die

Abbildung der Steuerungstypen ist in folgenden Tabellen zusammengefaßt.

Attribute einer lokalen Steuerung		
Klasse	Instanz	Bedeutung
Symbol	◖ ◗	dient der Darstellung des Elements im Modellnetzw.
Attribute bei Eingabe	Bedingungen Maßnahmen Verknüpfung Verkettung	Bedingungsabfragen Maßnahmen Verknüpfung von Zust. und Maßnahmen aufrufendes, unbew. AME
Attribute bei Laufzeit des Verfahrens	keine	
AME aktives Materialflußelement		

Tabelle 31: Attribute der lokalen Steuerung

Attribute einer globalen Steuerung		
Klasse	Instanz	Bedeutung
Symbol	◯	dient der Darstellung des Elements im Modellnetzw.
Attribute bei Eingabe	Bedingungen Maßnahmen Verknüpfung freie Attribute	Bedingungsabfragen Maßnahmen Verknüpfung von Zust. und Maßnahmen freie Attribute zur beliebigen Verwendung z.B. Text 1..n, Zahl 1..n, Objekt 1..n
Attribute bei Laufzeit des Verfahrens	keine	

Tabelle 32: Attribute der globalen Steuerung

Eine übersichtliche und für Planer verständliche Darstellungsform einer Steuerung sind Entscheidungstabellen (ET) /93, 101, 102/. Beim Einsatz von ET werden Regeln aus Bedingungsabfragen und Maßnahmen aufgebaut. Im Bedingungstextteil einer ET werden Fragen bezüglich relevanter Zustände des Systems gestellt. Sie sollen hier der Einfachheit der Darstellung halber nur mit "Ja" oder "Nein" beantwortet werden können /103/. Der Bedingungsanzeigerteil enthält eine Spalte für jede Antwortkombination der gestellten Fragen. Jede Spalte stellt damit einen bestimmten Systemzustand bezüglich der gestellten Fragen dar. Zu jedem Zustand muß nun in der gleichen Spalte im Maßnahmenanzeigerteil eine Maßnahme durch Setzen eines Punktes ausgewählt werden. Damit ist jeder relevanten Zustandskombination eine Aktion zugewiesen. Es gilt:

Zustand = f(Bedingungsabfrage, System)

Maßnahme = f(Zustand1, ... Zustand n))

Ein systematischer Problempunkt bei der Verwendung von ET ist der schnelle, exponentielle Anstieg der Spaltenzahl bei linearer Zunahme der Bedingungsabfragen. Dem kann jedoch durch Verwendung sog. "don't care conditions", die eine Komprimierung von ET erlauben, wenn gleiche Maßnahmen mehrfach aufgerufen werden, entgegengewirkt werden /103/. Wichtiger noch ist der Einsatz von Unterentscheidungs-tabellen, die von einer übergeordneten ET aufgerufen werden können. Damit reduziert sich durch verbesserte Möglichkeiten zur Strukturierung nicht nur die Größe der ET bei ihrer Darstellung, sondern auch der Eingabeaufwand, und die Übersichtlichkeit nimmt zu. Allerdings ist für den Aufruf einer Unter-ET eine neue Maßnahme notwendig. Im folgenden wird die Benutzersprache für Bedingungsabfragen und Maßnahmen zur Darstellung von Strategien hergeleitet.

BEDINGUNGSABFRAGEN

Bedingungsabfragen haben die Aufgabe Zustände durch den Vergleich zweier Gegebenheiten des Systems zu überprüfen. Es gilt:

<Gegebenheit 1> <relop> <Gegebenheit 2>

Wobei eine Gegebenheit i.a. ein Element, ein Attribut eines

Elements, eine Konstante oder eine Funktion aus diesen sein kann. Das Element <relop> steht für einen relationalen Operator, der einen Vergleich der Gegebenheiten hinsichtlich eines bestimmten Kriteriums zuläßt. Jeder Vergleich kann nur mit Ja oder Nein (bzw. wahr oder falsch) beantwortet werden.

Der Zugriff auf ein Attribut eines Elements des Systems wird durch einen Zugriffspfad beschrieben. Zuerst muß durch einen Elementpfad das Element angegeben werden, dessen Attribut verglichen werden soll. Ein Elementpfad kann aus einer festen Adresse eines Elements, dem Elementnamen, bestehen (z.B. WEG 12). Soll auf ein einzelnes bewegliches Element zugegriffen werden, so muß sein Aufenthaltsort seinem Elementnamen vorangestellt werden. Dabei ist der Einsatz eines Trennzeichens "•" sinnvoll (z.B. WEG 12 • FM 4). Da bewegliche Elemente ihren Aufenthaltsort ändern können, ist nicht zu erwarten, daß ein bewegliches Element eines unbeweglichen Materialflußelements direkt mit seinem Elementnamen angesprochen werden kann. Dazu muß eine Variable vorgesehen werden, die den Zugriff auf "anonyme" bewegliche Elemente erlaubt:

BE[z]   BE der Nummer z

Der Zugriff auf das erste bewegliche Element einer Anlage lautet dann z.B. "Weg 12 • BE[1]". Durch den Elementpfad gelangt man aber auch zu den Nachfolgern oder Vorgängern eines unbeweglichen Materialflußelements. Dafür werden folgende Pfad-Variablen vorgesehen:

NF[x]   Nachfolger der Nummer x
VG[y]   Vorgänger der Nummer y

Der Nachfolger x (z.B. BAND 17•NF[2]) oder der Vorgänger y (z.B. BAND 17•VG[3]) eines unbeweglichen Materialfluß-elements sind die x-ten (2-te) oder y-ten (3-te) Nachfolger oder Vorgänger, die mit dem Materialflußelement über einen Materialflußpfeil verbunden wurden.

Sollen allgemeine Steuerungen aufgebaut werden (z.B. eine Steuerung für mehrere FM), so kann über das Sonderzeichen "@" auf das gerade aktive Element FM zugegriffen werden. In dem gesamten Simulationsnetzwerk kann, wegen der sequentiellen Abarbeitung der Simulation auf nur einem Prozessor im Rechner, immer nur ein Element aktiv sein. Dessen Ereignis spricht eine Steuerung an, die dann zu diesem Zeitpunkt weiß, welches Element mit "@" gemeint ist.

Damit ist es möglich, sich die Eingabe vieler gleichartiger Steuerungen zu ersparen (z.B. wäre für jedes FM sonst eine eigene Steuerung nötig).

Der Zugriff auf Listenelemente erfordert die Angabe eines oder bei zweidimensionalen Listen zweier Indizes. Diese werden bei dem Elementnamen angegeben (z.B. sind bei der Angabe des Pfades "Fahrplan•LE[FM-STANDORT,FM-ZIEL]" der FM-Standort und das FM-Ziel die Indizes für den Zugriff auf das nächste zu befahrende Wegstück). LE bedeutet Listenelement und wird wie die Variable BE verstanden.

Möchte man weiter auf ein Attribut eines Elements zugreifen, so muß der Name des Attributs an den Pfad bis zum Element angehängt werden (z.B. MASCHINE 19 • INHALT).

Daraus ergibt sich die vollständige Syntax für den Zugriff auf Elemente oder ihre Attribute. Sie wird hier in der Backus-Naur-Form /103/ angegeben:

<Pfad> :: = <Elementpfad> | <Funktion> {<Pfaderweiterung>}

<Elementpfad> :: = <M-Elementpfad> | <Makroname> {•<Attributname>}[50]
         | <BE-Typname> {•Attributname} | Modell •{<Attributname>}

<M-Elementpfad> :: = @ | <Macroname> • <M-Elementname>{<Pfaderweiterung>}
         | <M-Elementname> {<Pfaderweiterung>}

<Pfaderweiterung> :: = • BE [<Term>] {<Pfaderweiterung>} |
         • VG [<Term>] {<Pfaderweiterung>} |
         • NF [<Term>] {<Pfaderweiterung>} |
         • LE [<Term>} {<Pfaderweiterung>} |
         • LE [<Term>, <Term>]
         • <Attributname> {<Pfaderweiterung>}

<Term> :: = <Pfad> | <Konstante> | <Term> <op> <Term> | (<Term>)

<Konstante> :: = belegt | voll | blockiert | gestört | leer | austrittsbereit |
         # | <Zahl> | <Text>

<Zahl> :: = <Ziffer> {<Ziffer>}

<Text> :: = <Buchstabe> {<Buchstabe>}[51]

<op> :: = + | - | • | /

mit

Modell ist der Ident des gesamten Modells
<BE-Typname> :: = <Name>   ist der Ident einer BE-Klasse
<Makroname> :: = <Name> ist der Ident eines bestimmten Makros

<Makro-Elementname> :: = <Name> ist der Ident eines Elements innerhalb eines
         Makros
<Attributname> :: = <Name>   ist der Ident eines Attributs eines Elements

BE ist Variable für den Zugriff auf das bewegliche Element
VG ist Variable für den Zugriff auf den Vorgänger eines Elements
NF ist Variable für den Zugriff auf den Nachfolger eines Elements
LE ist Variable für den Zugriff auf ein Listenelement

Tabelle 33: Syntax eines Pfades

---

[50] • ist ein Trennzeichen zwischen den Pfadelementen
   | bedeutet "oder"
   Die geschweiften Klammern "{}" enthalten optionale Elemente

[51] Um die Wahrscheinlichkeit von Eingabefehlern zu reduzieren sollen
   nur Großbuchstaben erlaubt sein.

Eine Funktion erlaubt den komplexen Zugriff auf Listenelemente. Dadurch wird die Leistungsfähigkeit der Steuerungselemente weiter verbessert. Es sollen die Funktionen Minimum, die das minimale Argument, Maximum, die das maximale Argument und Summe, die die Summe von Argumenten bildet, vorgesehen werden.

Weiterhin ist noch eine zweiargumentige Funktion, die Elementsuche vorgesehen, die ein bestimmtes Element zu einer Liste ausfindig macht.

```
<Funktion> :: = <Fkt1> (<Arg>) | <Fkt2> (<Arg>, <Term>)
<Arg> :: = {<Laufrichtung>•} <Elementpfad> • LE [<Term>] {•<Attributname>}
          | <Funktion>
<Fkt1> :: = MIN | MAX | SUM | INH | INV
<Fkt2> :: = ELE
<Laufrichtung> :: = VE | HO | SP | KV | KH

VE ist vertikale Laufrichtung
HO ist horizontale Laufrichtung
SP ist spiralförmige Laufrichtung
KV ist vertikal verkettete Laufrichtung
KH ist horizontal verkettete Laufrichtung
```

Tabelle 34: Syntax einer Funktion

Die Laufrichtung gibt die Richtung der Abarbeitungsmethode der Funktion an. Wird ein bestimmtes Element bestimmt (MIN, MAX, ELE), so wird das Element zurückgegeben, welches das Kriterium als erstes entsprechend der Laufrichtung erfüllt (z.B.: drei Elemente haben die Länge 10, welche minimal in einer 2-dimensionalen Liste ist. Bei der Angabe MIN (KV •StabListe •LE[#,#] •Länge) wird das Listenelement (Stab) bestimmt, welches als erstes bei einer vertikal verketteten Suche die Länge 10 hat.

Die Funktion INH bzw. INV gibt den horizontalen bzw. vertikalen Index eines indizierbaren Elements an.

Eine Bedingungsabfrage ist der Vergleich eines Attributs eines beliebigen Elements mit anderen Attributen, Konstanten oder Berechnungen aus beiden. Für die Darstellung von Zufallsprozessen, z.B. bei der Auswahl eines Nachfolgers beim Abzweig eines prozentualen Anteils defekter Teile etc., ist ein Vergleich einer Zufallszahl mit einem Term notwendig. Eine vollständige Bedingungsabfrage kann dann wie folgt definiert werden:

<Bedingungsabfrage> :: = <Gegebenheit1> <relop> <Gegebenheit2>

<Gegebenheit1> :: = <Pfad> | Z^{52}

 Z :: = gleichverteilte Zufallszahl mit $0 \leq Z \leq 999^{53}$

<relop> :: = = | $\neq$ | < | $\leq$ | >| $\geq$

<Gegebenheit2> :: = <Term>

Tabelle 35: Syntax einer Bedingungsabfrage

Mit dieser Festlegung für Bedingungsabfragen können alle Attribute von Elementen verglichen werden, um eine Entscheidungsgrundlage für die Auswahl von Maßnahmen zu sein.

MASSNAHMEN

Maßnahmen sind die Ausführungsanweisungen für Operationen, die alle Handlungen des Verfahrens umfassen. Sie wurden in Kapitel 6.1.3 hergeleitet. Für alle Operationen aktiver Elemente sind Maßnahmen und Gegenmaßnahmen zulässig. Diese werden hier mit ihrer zugehörigen Syntax in folgender Tabelle formuliert.

---

[52] Beim Abfragen von Z muß für jede ET ein eigener Zufallszahlengenerator installiert werden, um eine Unabhängigkeit der Zufallsprozesse zu ermöglichen.

[53] Der Wertebereich von Z wurde so gewählt, damit eine Auflösung in Promille für Z möglich wird.

Syntax der Maßnahmen, die die Materialflußelemente betreffen		
Operation	Syntax der Maßnahme	Syntax der Gegenmaßn.
Erzeugen	Erzeuge <Pfad>•<BE>	Vernichte <Pfad>•<BE>
Bearbeiten	<Pfad> <- <Term>	<Pfad> <- <Term>
Gruppieren	Montieren von <Pfad+> zu <Pfad>	Demontier. von <Pfad> zu <Pfad+>
	Sammeln von <Zahl> <Pfad> in <Pfad>	Entnehmen von <Zahl> <Pfad> nach <Pfad>
	Sortiment bilden von <Zahl-Pfad+> zu <Pfad>	Sortieren von <Pfad> zu <Zahl-Pfad+>
Laden	Aufladen von <Pfad> auf <Pfad>	Abladen von <Pfad> nach <Pfad>
Lagern	Umlagern von <Pfad> auf <Pfad>	Umlagern von <Pfad> nach <Pfad>
Umlagern	Umlagern von <Pfad> nach <Pfad>	Umlagern von <Pfad> nach <Pfad>

```
mit   <BE>          ::=   Name eines Typs eines beweglichen
                          Elements
      <Pfad+>       ::=   <Pfad> {•<Pfad>}
      <Zahl>        ::=   <Ziffer> {<Ziffer>}
      <Ziffer>      ::=   0 | 1 | 2 | 3 | 4 | 5 | 6 | 7 | 8 | 9
      <Zahl-Pfad+>  ::=   <Zahl> <Pfad> {,<Zahl> <Pfad>}
```

Tabelle 36: Syntax der Maßnahmen für Materialflußelemente

Für die Veränderung von Informationsflußelementen sind
ebenfalls Maßnahmen und Gegenmaßnahmen notwendig.

Syntax der Maßnahmen, die die Informationsflußelemente betreffen		
Operation	Syntax der Maßnahme	Syntax der Gegenmaßn.
Erzeugen	Erzeuge<Pfad>-<Datum>	Vernichte <Pfad>-<Datum>
Verändern	<Pfad> <- <Term>	<Pfad> <- <Term>
Speichern	Umlagern von <Pfad> auf <Pfad>	Umlagern von <Pfad> nach <Pfad>
ET aufrufen	Aktivieren von ET: <Name>	n.a. ET: <Name>

Tabelle 37: Syntax der Maßnahmen für Informationsfluß-
           systeme

Weitere Maßnahmen sind bei Einsatz einer ereignisorientierten Simulation und von ET zweckmäßig. Der Aufruf von globalen Steuerungen (ET) erlaubt die Strukturierung von Steuerungen und erhöht damit wesentlich die Überschaubarkeit und Einfachheit der Eingabe. Das Warten einer Steuerung für eine bestimmte Zeit ermöglicht die Abbildung von Schaltzeiten oder gewisser Schaltintervalle, wie dies auch für eine Darstellung eines Generators nötig wäre. Die Maßnahme "keine Aktion" ist wichtig, um anstehende Ereignisse nicht ausführen zu müssen, wenn dies nicht gewollt ist. Die Meldung kann eingesetzt werden, um Fehlertexte oder andere Meldungen bei der Auswahl einer eigentlich unmöglichen oder beliebig anderen Bedingungskombinationen auf dem Bildschirm auszugeben. Mit dieser Meldung kann der Benutzer auch verfolgen, in welcher Entscheidungstabelle und in welcher Bedingungskombination sich das Entscheidungsmodul befindet.

Maßnahmen, die das System betreffen	
Operation	**Syntax der Maßnahme**
ET aufrufen Warten	Aktivieren von ET <Name>[54] Warten <Zahl> Sekunden
Ereignis Einordnen Keine Meldung ausgeben	Einordnen von <Ereignis> in <Zahl> Sekunden Keine Aktion Meldung:"<Text>"
mit <Ereignis> <Text> <druckb.Zeichen> <Name>	::=Aus <Pfad> | Ein <Pfad> ::={<druckbares Zeichen>} ::=<Ziffer>|<Buchstabe| <Sonderzeichen> ::=<Buchstabe> {<druckbares Zeichen>}

Tabelle 38: Syntax der systembezogenen Maßnahmen

---

[54] Das Deaktivieren von ET ist in diesem Zusammenhang nicht sinnvoll, da eine ET nach der Aktivierung sofort eine Entscheidung fällt, und diese ausgeführt wird. Diese Aktion kann nicht durch andere ET unterbrochen werden, da nur eine streng sequentielle Bearbeitung vorgesehen ist.

GENERATOREN

Generatoren können parallel oder seriell in das Simulationsgeschehen eingreifen. In der parallelen Arbeitsweise sind mehrere Generatoren installiert, die unabhängig voneinander in einem bestimmten Rhythmus Maßnahmen für ein FE veranlassen. In der seriellen Arbeitsweise wird nach dem Ausführen der Maßnahme des ersten Generators ein vorher festgelegter Nachfolgegenerator mit seiner Intervallzeit eingeordnet. Hat er alle Maßnahmen ausgeführt, wird dessen Nachfolger aktiviert usw.. Nachfolgende Bilder verdeutlichen die Koppelung von Generatorereignissen, je nach Arbeitsweise.

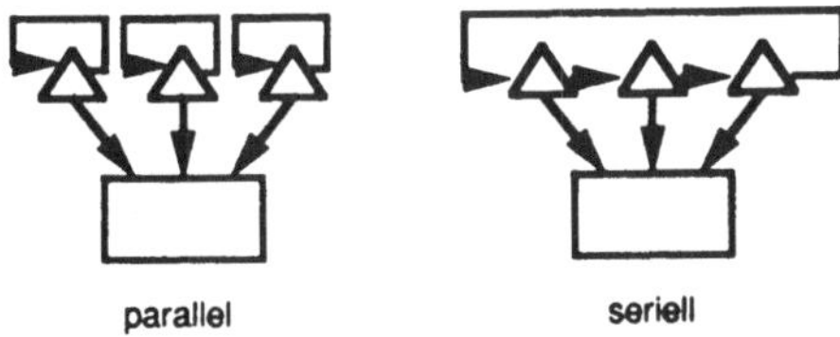

Bild 26: Aufrufarten von Generatoren

Parallelschaltung	|---|---|---|---|---|-- Gen 1
	|-----|-----|-----|---- Gen 2
	|--|--|--|--|--|--|- Gen 3
Serienschaltung	| |--| |- Gen 3
	| |-----| | |-----| Gen 2
	|---| |---| Gen 1

Bild 27: Aufrufkette bei Schaltungen von Generatoren

Die Parallelschaltung von Generatoren kann z.B. verwendet werden, um verschiedene Teile in einer Quelle in unabhängigem Rhythmus zu erzeugen oder um verschiedene

Wartungsintervalle, Rüstvorgänge etc. in dem gleichen Element hervorzurufen. Eine serielle Verkettung von Generatoren kann dagegen der Abbildung einer Störung einschließlich ihrer Reparaturzeit dienen. Dazu setzt der erste Generator den Störzustand und der zweite löscht ihn nach der Reparaturdauer wieder. In folgender Tabelle sind die Attribute für einen Generator der beschriebenen Art zusammengefaßt.

Attribute des Generatorelements		
Klasse	Instanz	Bedeutung
Symbol	△	Das Symbol dient zur Darstellung des Elements im Modellnetzwerk
Zeitkomponente	Startzeit Endezeit Intervallzeit Nachfolger	Start der Intervalluhr Stop der Intervalluhr Zeit bis z. nächsten Ereign. nachfolg. Gen. in Serie
Handlungskomponente	Maßnahme	Aktivieren einer globalen Steuerung[55]

Tabelle 39: Attribute des Generatorelements

6.4.2 ABBILDUNG UNBEWEGLICHER PASSIVER
        INFORMATIONSFLUSSELEMENTE

Unbewegliche passive Informationsflußelemente bestehen aus Listen. Daten werden von Steuerungen erzeugt, in einer Liste als Element der Liste abgelegt und dort wieder entnommen. In einer Liste können Listenelemente abgelegt, verändert, gelesen oder gelöscht werden. Der Zugriff auf die Elemente erfolgt platzorientiert oder über eine FIFO- oder LIFO-Organisation. Die Attribute einer Liste werden in folgender Tabelle zusammengefaßt.

---

[55] Aus Gründen der einfacheren Realisierung wurde nur eine Maßnahme, das Aktivieren einer globalen Steuerung, vorgesehen. Diese Steuerung kann dann verschiedene Maßnahmen veranlassen.

Attribute einer Liste		
Klasse	Instanz	Bedeutung
Symbol		dient der Darstellung des Elements im Modellnetzwerk
Attribute bei Eingabe	Bezeichner Entnahmeordnung Dimension Entnahmemodus Typ der Datenelemente	Ident des Elements LIFO ,FIFO, platzorient. Dimension der Liste lesend/entnehmend Text, Zahl, Objekt

Tabelle 40: Attribute der Liste

Beispielsweise kann eine Liste Hol-Ziele für Fahrzeuge enthalten. Diese werden ihr über die Maßnahme

    HOL-LISTE •LE [n] <- ARBEITSPLATZ 12

zugewiesen. Das am längsten anstehende Hol-Ziel wird durch eine FIFO-Organisation der Liste wieder über die Maßnahme

    FM • ZIEL <- HOL-LISTE • LE[1]

entnommen und dem Ziel eines Fahrzeugs zugewiesen. In einer zweidimensionalen Liste kann ein Fahrplan abgelegt werden. Eine Umlagerung kann dann durch den Zugriff auf ein Element des Fahrplans über die Indizes Standort und Ziel eines Fördermittels nach folgender Maßnahme erfolgen (s. Kap. 8.1.2):

Umlagern von @ • STANDORT nach FAHRPLAN[@•STANDORT,@•ZIEL]

6.5 ABBILDUNG BEWEGLICHER INFORMATIONSFLUSSELEMENTE

Bewegliche passive Informationsflußelemente bestehen aus Datenelementen. Datenelemente werden von Steuerungen erzeugt, in Listen abgelegt und dort wieder entnommen. Daten können aus einer Kette von alphanumerischen Zeichen oder aus Zeigern auf Elemente bestehen. Dazu werden in Anlehnung an allgemeine Programmiersprachen folgende Datentypen vorgesehen:

- Text
- Zahl
- Objekt

Der Datentyp Text wird durch druckbare Buchstaben, der Datentyp Zahl durch Ziffern und der Datentyp Objekt durch Zeiger auf Elemente dargestellt. Soll z.B. der Name von Elementen, die in einer Anlage erzeugt werden sollen, in einer Liste gespeichert werden, so werden diese unter dem Datentyp Text in der Liste abgelegt. Zahlen können notwendig werden, um z.B. verschiedene Durchlaufzeiten durch Anlagen zu speichern, und Objekte sind wichtig, um Ziele von Fahrzeugen oder Fahrpläne, die das nächste Wegstück enthalten, das befahren werden soll, aufzubewahren.

6.6 GEMEINSAME EIGENSCHAFTEN DER ELEMENTE

Hier sind Eigenschaften zusammengefaßt, die alle Elemente oder ihr Zusammenspiel betreffen.

ZEITEN

Alle Zeiten des Systems können auch entsprechend einer Zufallsverteilung stochastisch gewählt werden. Als Zufallsverteilungen kommen solche wie die Normal-, Binominal-, negativ exponentielle, Poisson- u.a. Verteilungen in Frage. Mit diesen können erfahrungsgemäß /105/ alle wichtigen stochastischen Prozesse einer Fabrik abgedeckt werden.

STATISTIK ATTRIBUTE

Die genannten Elemente benötigen zusätzlich zu den aufgeführten Attributen Statistik-Attribute, die die anfallenden Ergebnisse zwischenspeichern. Da die Statistikerfassung nicht Thema dieser Arbeit ist, werden sie hier nicht weiter aufgeführt.

UMLAGERUNGSMECHANISMEN

Grundsätzlich sind zwei Mechanismen denkbar, die die Umlagerungen von Materialflußelementen ermöglichen, der Schiebe- oder der Ziehmechanismus. Beim Schieben initiieren Auslagerereignisse und beim Ziehen Einlagerereignisse den Umlagerungsvorgang. Kann eine Auslagerung nicht zum Ziel führen, so verfällt das Auslagerungsereignis. Wenn das Nachfolgeelement wieder frei ist, muß die zuständige Steuerung aufgerufen werden, damit die Umlagerung stattfinden kann. Dieses kann durch vorzeitiges Einordnen eines Ereignisses zu der zu erwartenden Freiwerdezeit oder durch Vormerken des aufgehobenen Ereignisses in einer Blockierliste erfolgen. Im letzteren Fall wird bei einer Entblockierung des Nachfolgeelements das ursprüngliche Ereignis wieder eingeordnet und kann dann ausgeführt werden. Die Schiebe-, Zieh-, Einordnungs- oder Blockierprinzipien führen bei der Kombination aktiver Elemente alle zum Erfolg. In dem beschriebenen System soll, wenn möglich, grundsätzlich, das Schiebe- und Blockierprinzip angewendet werden, da es sich leicht verwirklichen läßt und für den Benutzer anschaulich ist. Bei der Kombination passiver und aktiver Elemente, wie z.B. beim Aufladen auf ein FM, muß jedoch auch das Ziehprinzip angewandt werden. Folgende Tabelle zeigt die ausgewählten Methoden.

Nachfolger Vorgänger	aktiv	passiv
aktiv	Schiebe-/ Blockier- prinzip	Schiebe- prinzip
passiv	Zieh- prinzip	nicht anwendbar

Tabelle 41: Anwendung der Umlagerungsmechanismen bei Kombination verschiedener Elementtypen

Durch die Verknüpfung von Methode, Mensch und Rechner wird das Erstellen von Modellen ermöglicht. Bei ihrer Realisierung müssen die Schwachstellen, die bei herkömmlichen Verfahren gefunden werden konnten, überwunden werden. Die Anschaulichkeit und Einfachheit der Eingabe von Sprachelementen soll durch eine objektorientierte Benutzeroberfläche unterstützt werden. Die Überschaubarkeit, Eindeutigkeit und Vollständigkeit der Verknüpfung von Methode, Mensch und Rechner muß durch eine einfache, eindeutige und vollständige Programmstruktur gewährleistet werden. Die Leistungsfähigkeit und Richtigkeit der Verknüpfung von Methode, Mensch und Rechner müssen durch bestimmte Maßnahmen erhöht werden.

7.1 OBJEKTORIENTIERTE BENUTZEROBERFLÄCHE

Bei der Simulation von Fertigungssystemen sollen Objekte des realen Fertigungssystems auf einem Rechner abgebildet werden. Dazu wurde eine Beschreibungssprache definiert, die dem Benutzer als elementare Basis für die Beschreibung seines Fertigungssystems dient. Die Elemente dieser Sprache sind Abbilder von real existierenden Grundelementen einer Fertigung und besitzen wie diese eine Bezeichnung, die sie eindeutig identifiziert, ein graphisches Abbild, das ihre Bedeutung leicht erkennbar macht, Attribute und u.U. Steuerungen. Für die Handhabung solcher Elemente auf Rechenanlagen wurden objektorientierte Oberflächen geschaffen /66, 67/. Sie erlauben das Erzeugen solcher Objekte, die Eingabe eines graphischen Symbols und das "Öffnen" zur Eingabe von Attributen oder Steuerungen. Die Handhabung einer solchen Oberfläche wird im Kapitel 8.2 anhand eines Beispiels ausführlich erläutert.

Nun ist es natürlich möglich, Fertigungssysteme mit den Elementen dieser Beschreibungssprache zu modellieren. Allerdings wird bei der Betrachtung solcher Systeme schnell deutlich, daß sich sehr große Modellnetzwerke mit sich wiederholenden Strukturen ergeben. Z.B. wird eine Drehmaschine, eine Montagezelle, eine Förderstreckenkreuzung, eine Hochregallagergasse etc. in einer Fertigung meist mehr als einmal vorkommen. Dieser Vorteil sich wiederholender Fertigungsstrukturen muß zur Erhöhung der Anschaulichkeit und Vereinfachung der Eingabe genutzt werden. Auch dies ist mit den Konzepten eines objektorientierten Programmes leicht vereinbar. Eine bestimmte Fertigungsstruktur, wie z.B. eine Montagezelle (s. Bild 28) wird aus den bekannten Sprachelementen ("Rutsche", "Band", "Kette", Globale Steuerungen etc.) erstellt und zusätzlich mit Namen, graphischem Symbol, Schnittstellen, etc. versehen. So kann der Anwender ein neues "anwendermodelliertes Fertigungselement" (z.B. Drehbank, Hochregallagergasse, Förderstrecke etc.) selbst entwerfen und in einer zweiten Hierarchieebene die vorgegebenen Sprachelemente zu so genannten Makros zusammenfügen. Ein Makro benötigt Schnittstellen, über die Informationen und Teile mit anderen Makros ausgetauscht werden können. Ein Symbol und ein Name ist für das Makro wichtig, um es graphisch darstellbar und eindeutig adressierbar zu machen. Die folgende Darstellung zeigt das Symbol, den Namen und den inneren Aufbau des Makros einer Montagezelle mit seinen Schnittstellen.

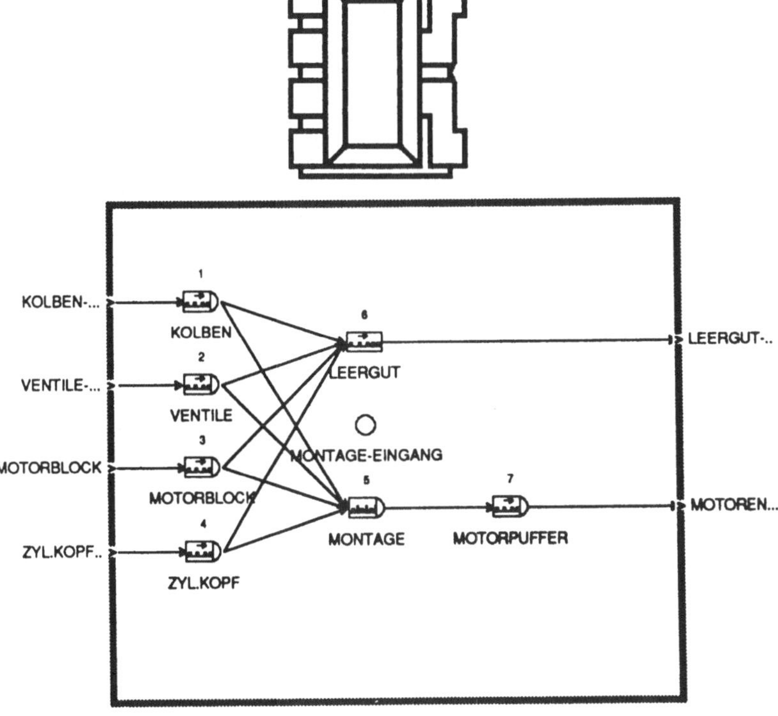

Bild 28: Beipiel für die Elemente des Makros einer
        Montagezelle

Im Kapitel 8.1 werden weitere Beispiele von Makros, die wichtige Fertigungselemente darstellen, gezeigt. Im Kapitel 8.2 wird die Vorgehensweise zum Aufbau solcher Makros erläutert. Beim Zusammenbau eines Gesamtmodells einer Fertigung werden durch Kopieren Instanzen dieser Klassen gebildet und an den Schnittstellen zusammengefügt (Verbinden von Förderstrecken etc.). Die Verwendung von mehreren gleichartigen Instanzen (Förderstrecken) ist dabei möglich. Einzelne Instanzen können in ihren Attributswerten verändert werden. So ist es z.B. möglich, unterschiedlich lange Förderstrecken des gleichen Typs aus der gleichen Klasse zu erzeugen. Entsprechend dieser Definition dürfen nur die Inhalte von Attributen aber nicht die Schnittstellen, Strukturen, Steuerungen oder die Anzahl und Art der Attribute verändert werden, damit sich alle Instanzen einer Klasse über die gleichen Nachrichten ansprechen lassen, also das gleiche Verhalten zeigen. Auch wenn eine Klasse nur eine Instanz (eine Kopie) in einem Fertigungssystem besitzen soll, so wird doch eine Klasse aufgebaut, die dann eben nur eine Instanz besitzt.

Der Einsatz von Makros ergibt eine Hierarchie der Modellierungsvorgänge. Aus den elementaren Sprachelementen des Verfahrens werden Makros aufgebaut, die dann neue vom Anwender erstellte Sprachelemente darstellen. Es bleibt völlig dem Benutzer überlassen, welche Makros er aus den Grundelementen der vorgegebenen Sprache konstruiert und wie er seine anwendungsnahen Elemente aufbaut und gestaltet. Dadurch werden dem Anwender Möglichkeiten zur freien Gestaltung von Fertigungselementen geboten. Dies könnte sogar soweit gehen, daß Experten, die sich mit dem Entwurf von Makros auskennen, Makros für andere Planer aufbauen. Die Planer können dann auf eine Bibliothek der in einem Fertigungsbetrieb vorliegenden Elemente zurückgreifen und sehr schnell und einfach Gesamtmodelle zusammenfügen. Auch ein Austausch von allgemein verwertbaren Makros unter verschiedenen Anwendergruppen wäre denkbar.

Eine objektorientierte Oberfläche bietet aber noch weitere Vorteile. Alle beschriebenen Elemente des Verfahrens werden als Objekte betrachtet, die sich bei ihrer Handhabung möglichst realitätsnah verhalten sollen. Sie werden als Symbole dargestellt, können wie Gegenstände erzeugt, gelöscht, verschoben und zur Eingabe von Attributen geöffnet werden. Die Eingabe von Texten, Zahlenwerten und Objekten ist schnell und einfach über Dialogtafeln möglich. Wenn Werte nicht eingegeben werden, so wird entweder ein

Standardwert vorgesehen oder, wenn eine Eingabe unbedingt erforderlich ist, über eine Warnmeldung angefordert. Eingaben können jederzeit abgebrochen werden, oder man kann die letzte Aktion, die möglicherweise nicht gewünscht war, wieder zurücknehmen. Die freie Wahl der Symbole der beweglichen Objekte erlaubt eine Darstellung, die der Anwender gewohnt ist und nach eigenem Gutdünken für anschaulich erachtet. Das bei der Erstellung des Gesamtmodells aus den Makrosymbolen entstandene Bild einer Fertigung kann direkt als Grundlage für die Darstellung einer Animation eingesetzt werden.

7.2 PROGRAMMSTRUKTUR

Eine gute Überschaubarkeit, Eindeutigkeit und Vollständigkeit der Verknüpfung von Methode, Mensch und Rechner muß durch eine einfache, eindeutige und vollständige Programmstruktur gewährleistet werden. Bei dem behandelten Verfahren sind jedoch wegen der zweistufigen Hierarchie der Benutzeroberfläche vor dem Zusammenfügen eines lauffähigen Gesamtmodells verschiedene Vorarbeiten notwendig. Zuerst werden die Elemente einer Fertigung erzeugt. Dazu muß mit einem Editor die Erstellung der Beweglichen Elemente möglich sein (BE-EDIT). Ein zweiter Editor erlaubt die Erzeugung von Makros (MAKRO-EDIT). Diese Editoren können die Eingabe von Strukturen, Attributen, Steuerungen, Schnittstellen und Namen beinhalten, sofern das zur Erstellung eines neuen Objektes erforderlich ist. Die erstellten Objekte der zu modellierenden Fertigung werden in Bibliotheken abgelegt, um zu späteren Zeitpunkten wieder verwendbar zu sein. Ein weiterer Editor erlaubt nun den Zusammenbau von Makros und beweglichen Elementen zu Gesamtmodellen (MODELL-EDITOR). Diese können ebenfalls abgespeichert werden. Erst dann können die Gesamtmodelle mit dem Simulator-Programm simuliert werden (SIMULATOR). Das Animations- und Statistikprogramm sind ebenfalls Teil des SIMULATORs, um die Anzahl der Programmteile zu verringern. Folgendes Bild zeigt die minimal notwendige Programmstruktur für das behandelte Verfahren.

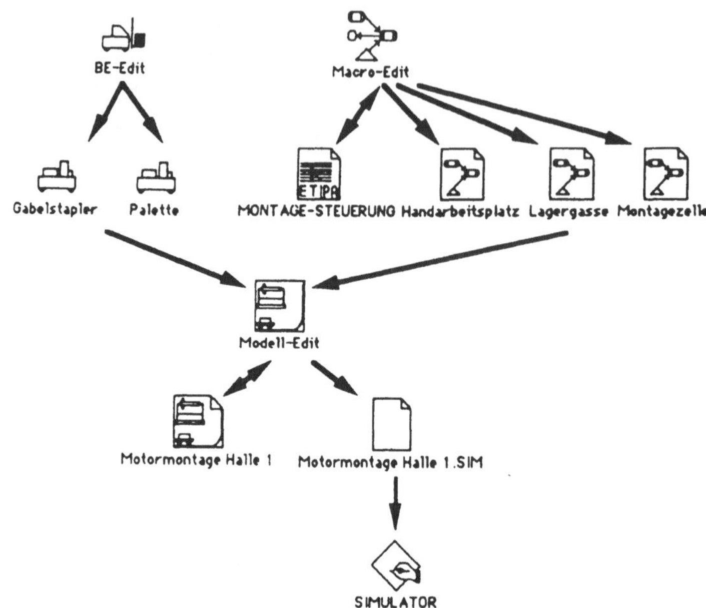

Bild 29: Programmstruktur für das behandelte Simulationsverfahren

Die unvollständige Statistikauswertung vieler Verfahren soll
neben Tabellen durch graphische Aufbereitung von Statistiken
verbessert werden. Beispiele dafür werden in Kapitel 8.2
gegeben.

7.3 VERBESSERUNG DER LEISTUNGSFÄHIGKEIT UND RICHTIGKEIT

Die Leistungsfähigkeit der Verknüpfung von Methode, Mensch
und Rechner können durch folgende Maßnahmen erhöht werden.
Es muß davon ausgegangen werden, daß das Verfahren auf einem
derzeit gängigen Rechner der PC- oder Workstationklasse mit
hochauflösender Graphik und Maus als Zeigeinstrument
implementiert werden soll, da diese Geräte allgemein
erhältlich und preisgünstig sind. Sie eignen sich für den
Einsatz in der Planung, da sie leistungsstark sind und eine
objektorientierte Oberfläche unterstützen. Auf diesen
Rechnern ist die Leistungsfähigkeit des Verfahrens i.a.
bezüglich Rechenzeiten durch Speichergröße, Taktzeit und nur

einen Prozessor begrenzt. Auf einer solchen Rechenanlage müssen alle Ereignisse, die in der Realität parallel ablaufen können, sequentiell abgearbeitet werden. Das bedeutet, daß bei einer großen Ereignisanzahl je Zeiteinheit des simulierten Prozesses der zentrale Prozessor zum Engpaß wird und die Simulation entsprechend langsamer werden muß. Eine Leistungsangabe wird durch den Divisor aus verarbeiteter Simulationszeit und der tatsächlichen Rechenzeit ausgedrückt. Eine Beschleunigung des Laufzeitverhaltens kann durch den Einsatz paralleler Prozessoren und durch günstige Datenstrukturen und Algorithmen erreicht werden. Der Einsatz von Parallel-Prozessoren wird derzeit noch erforscht und nur durch wenige Sprachen unterstützt. Es soll deshalb auf die entsprechende Literatur /105,106/ verwiesen werden. Die Datenstrukturen des Verfahrens müssen so ausgelegt sein, daß häufige Suchvorgänge über eigene Zeiger unterstützt werden. In diesem Zusammenhang ist es z.B. sinnvoll, Entscheidungstabellen vorzuverarbeiten, indem bereits Zeiger auf die Elemente, die in Bedingungabfragen vorkommen, beim Laden des Systems gesetzt werden. Natürlich verlangsamt das die Ladezeit eines Simulationsmodells im SIMULATOR. Dennoch muß diese Zeit so nur einmal investiert werden und fällt nicht wiederholt, wie es während der Simulation nötig wäre, an. Auch Fehlermeldungen, die während einer Simulation ausgegeben werden können, vermindern die Laufzeit u.U. erheblich, da die Fehlerbedingungen ständig überprüft werden müssen, um gemeldet zu werden. Deshalb müssen so viele Fehler wie nur möglich vor der Simulation in den Editoren abgefangen werden. Natürlich ist das nicht für alle Fehler machbar. So kann z.B. ein Teil, das für eine "Rutsche" zu lang ist, zu einem Fehler führen, weil es sich z.B. entsprechend der obigen Vorückberechnungen in drei Anlagen befindet. Dieser Fehler kann nur während der Laufzeit abgefangen werden, da das System nicht alle möglichen Wege eines Teils in dem Materialflußnetzwerk im voraus überprüfen kann.

Die Richtigkeit der Verknüpfung von Methode, Mensch und Rechner hängt wesentlich von Qualität der Zufallszahlengeneratoren, der Berechnungen und des Verhaltens bei gleichzeitigen Ereignissen ab. Zufallszahlengeneratoren müssen der Bitbreite des Prozessors des Rechners angpaßt werden. Maßnahmen dafür und für die Beurteilung der Qualität von Zufallsgeneratoren sind in /104/ enthalten. Die Eindeutigkeit von Berechnungen hängt von der Realisierung in den Kompilern ab, mit denen das

SIMULATOR-Programm erstellt wurde. Große Mängel konnten z.B. bei der Verwendung von Lightspeed-Pascal V 1.01 /107/ festgestellt werden. Nach der achten Nachkommastelle traten dort willkürlich zufällige Ziffern auf. Diese hatten besonders bei sich auf Stetigfördereranlagen aufstauenden Teilen Rechenfehler und Fehlfunktionen, wie Staus, zur Folge. Es muß durch bessere Kompiler oder durch den Einsatz von arithmetischen Koprozessoren für eine Behebung dieser Probleme gesorgt werden. Sind mehrere Ereignisse zur gleichen Zeit eingeordnet worden, so entsteht bei der Abarbeitung der Simulation auf einem Prozessor die Frage, welches der Ereignisse zuerst ausgeführt werden soll. Diese Frage ist zum Beispiel wichtig, wenn bei der Zusammenführung von Teilen diese gleichzeitig ankommen und entschieden werden muß, welches zuerst umgelagert wird. Dabei bieten sich verschiedene Möglichkeiten an. Entweder kann man den Ereignissen eine Priorität mitgeben, oder man führt das früher oder später eingeordnete Ereignis zuerst aus. Eine Einführung einer Priorität ist natürlich nur so lange nützlich, wie die Ereignisse nicht die gleiche Priorität haben. Bei gleicher Priorität hängt es jeweils von der Anwendung ab, ob gewünscht wird, das länger oder kürzer anstehende Ereignis auszuwählen. Hierfür ist im SIMULATOR-Programm ein "Schalter" vorzusehen, der die eine oder andere Methode anwählbar macht. Als Grundeinstellung soll das früher eingeordnete Ereignis bei Gleichzeitigkeit zuerst ausgewählt werden.

<u>8. BEISPIELE ZUR REALISIERUNG DES BEHANDELTEN VERFAHRENS</u>

Im folgenden sollen Fertigungseinrichtungen beispielhaft
modelliert werden. Zur Darstellung wird das
Simulationssystem SIMPLE[56] eingesetzt. Zu Beginn werden
verschiedene Fertigungseinrichtungen durch Makros
modelliert. Dabei wird der Einsatz der diskutierten
Beschreibungssprache verdeutlicht. Die Fertigungseinrichtungen stellen Beispiele zur Abbildung von Förderanlagen
und -systemen, Lägern und Bearbeitungszellen dar. Der größte
Teil vorhandener Fertigungseinrichtungen kann in ähnlicher
Weise modelliert werden. Jedes Makro kann zum Zusammenbau
eines Gesamtmodells einer Fertigung verwendet werden. Im
Anschluß daran wird die Verknüpfung von Methode, Mensch und
Rechner des besprochenen Verfahrens anhand eines
exemplarischen Vorgehens zur Erstellung eines Gesamtmodells
verdeutlicht.

<u>8.1 BEISPIELE ZUR REALISIERUNG EINZELNER FERTIGUNGSEIN-
    RICHTUNGEN</u>

<u>8.1.1 ABBILDUNGSBEISPIEL EINER STETIGFÖRDEREREINRICHTUNG</u>

Nachfolgendes Bild zeigt eine Arbeitslinie, die über einen
Stetigförderer verknüpft ist. Die zentrale Rollenbahn
transportiert Paletten mit einem Motorblock und den weiteren
zu montierenden Teilen. Ist eine Palette unbearbeitet, so
wird sie zu dem ersten freien Arbeitsplatz ausgeschleust,
den sie erreicht. Ein Werker erledigt die Montagearbeiten
und kennzeichnet die Palette als bearbeitet. Sie wird wieder
auf die zentrale Rollenbahn abgegeben und verläßt über KF 7
das System. Gelangen nicht bearbeitete Paletten zu KF 6, so
werden sie über KF 8 wieder zum Eingang der Linie
zurückgebracht. Die nachfolgende Modellierung der
Arbeitslinie zeigt ein Makro, das nur mit "Rutschen" und
"Bändern" den genannten Sachverhalt abbildet.

---

[56] SIMPLE ist der Name eines EDV-unterstützten Verfahrens, das vom
Verfasser am Fraunhofer-Institut für Produktionstechnik und
Automatisierung (IPA) entwickelt und dort anhand mehrerer
Planungsprojekte erprobt wurde. SIMPLE ist auf den Rechnern
APPLE-MacIntosh unter HFS und auf IBM-AT, -PS/2 unter WINDOWS
lauffähig. Um einen breiten Einsatz in der Industrie
zu gewährleisten, wurden absichtlich preiswerte, aber dennoch
ausreichend leistungsfähige Hardware-Konfigurationen gewählt.
Weitere Informationen sind am IPA, Stuttgart erhältlich.

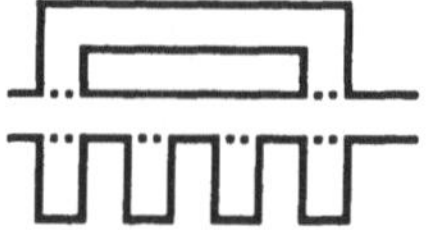

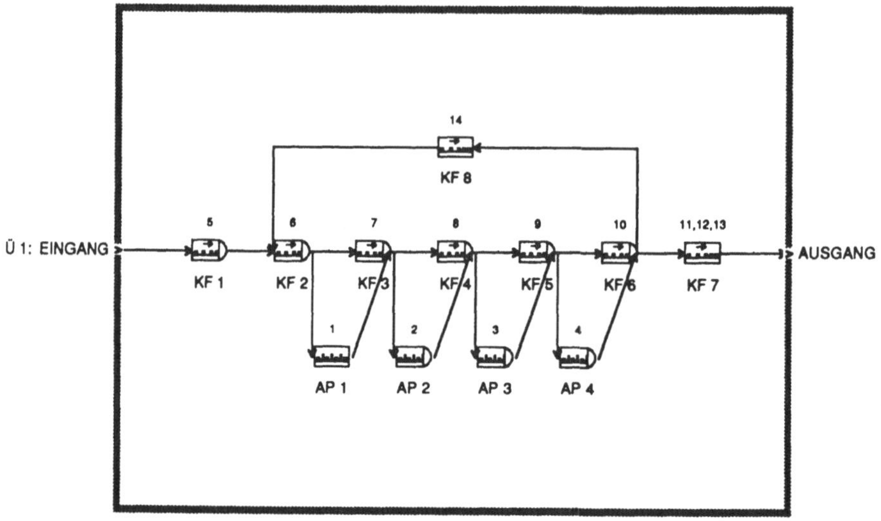

Bild 30: Layout und Modell einer Arbeitslinie mit
          Stetigförderern

An jedem Ausgang eines Kettenförderers muß eine
Verteilsteuerung angebracht werden, die die unbearbeiteten
beweglichen Elemente zu einem Arbeitsplatz (AP) oder am
Schluß zu KF 7 verzweigt. Die Steuerung "ET Verteilen von
KF1" zeigt wie diese ET für alle Kettenförderer aussehen
können. Der Buchstabe "@" weist hier auf das momentan aktive
Element des Modells hin. Das ist hier stets der KF1, der,
wenn er ein Austrittsereignis seines ersten Teils hat, diese
lokale ET aufruft. Da zu jedem Rechnerzeitpunkt immer nur
ein Modellelement aktiv sein kann (s. Kap. 3.2.2), ist bei
dem Aufruf der ET eindeutig bestimmt, daß für "@" der KF1 zu
setzen ist. Die Verwendung des Buchstabens "@" hat nun den
Vorteil, daß durch diese "anonyme Adressierung" des
Kettenförderers KF1 die "ET Verteilen von KF1" für alle KF
gleich aussieht. In ihrer Bedingungsabfrage wird das freie

Attribut TEXT1 des ersten beweglichen Elements auf dem KF1
abgefragt, ob es den Eintrag "UNBEARBEITET" trägt. Wenn ja,
dann ist das Teil unbearbeitet und wird zum ersten
Nachfolger des KF1, also zum AP1 umgelagert. Wenn nein, ist
das Teil bereits bearbeitet und wird zum zweiten Nachfolger
des KF1, also zum KF2 umgelagert. Die Nachfolgernummer wird
durch die Reihenfolge der Pfeilverbindungen angegeben. Eine
zweite Steuerung setzt am Ausgang eines Arbeitsplatzes den
Zustand der fertigmontierten beweglichen Elemente auf
"bearbeitet" (s. "ET Verteilen von AP1").

·KF 1/ET Verteilen

	J	N
@ · BE[1] · TEXT1 = UNBEARBEITET ?		
Umlagern von @ nach @ · NF[1]	●	
Umlagern von @ nach @ · NF[2]		●

·AP 1/ET Verteilen

	J	N
@ · BE[1] = austrittsbereit ?		
@ · BE[1] · TEXT1 <- BEARBEITET	●	
Meldung: FALSCHER AUFRUF		●

Tabelle 42: Beispiel für die Steuerungen der
             Stetigfördereranlage

8.1.2 ABBILDUNGSBEISPIEL EINER UNSTETIGFÖRDEREREINRICHTUNG

Das nachfolgende Beispiel zeigt die Modellierung eines
Teiles eines FTS. Ankommende Fahrzeuge mit unmontierten
Teilen gelangen zu einem Bahnhof, der durch zwei parallele
Linien (S2 und S4) realisiert wird. Sie warten dort auf
Abruf durch einen Arbeitsplatz. Sind an einem der
Arbeitsplätze die Güter für eine Palette fertigmontiert,
wird die Palette auf die Abnahmeschiene aufgesetzt und das
Abrufsignal an die übergeordnete Steuerung (ABRUF-ÜST) des
FTS abgegeben. Diese trägt den Arbeitsplatz in eine
Auftragsliste (FAUFLISTE) ein und ruft FTS-Start auf. Das
erste Fahrzeug einer der beiden Linien erhält diesen
Arbeitsplatz als Ziel und fährt dorthin. Am Eingang einer
Übergabebahn werden die Paletten mit Einzelteilen an den
Arbeitsplatz übergeben. Das Fahrzeug nimmt am Ende des
Spiels eine Palette mit fertig montierten Gütern mit, um sie
zum Fertigproduktlager zu transportieren.

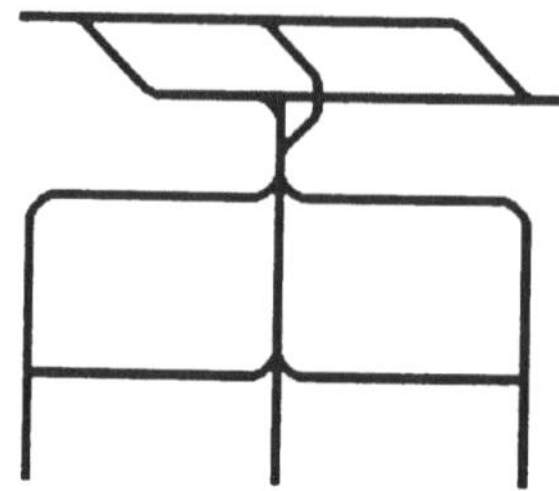

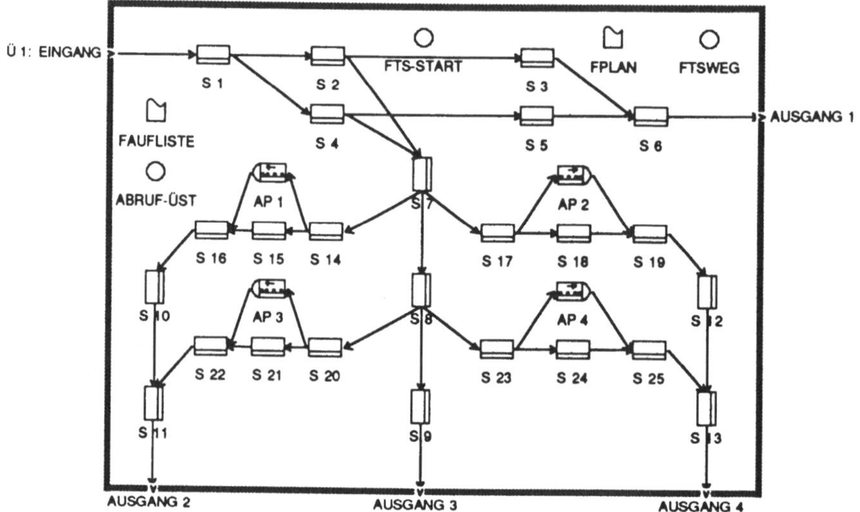

Bild 31: Layout und Modell eines Fahrerlosen Transport-
systems als Beispiel eines Unstetigförderers

Die Steuerung des FTS ist hier in drei übergeordnete
Steuerungen verteilt. Die erste Steuerung (ABRUF-ÜST) wird
von den Arbeitsplätzen aufgerufen, sobald sie bereit sind,
ein fertiges Teil abzugeben. Sie übergibt die Bezeichnung
des Arbeitsplatzes an eine Fahrauftragsliste (FAUFLISTE) und
ruft die zweite Steuerung (FTS-START) auf. FTS-START
überprüft, ob fahrbereite Fahrzeuge sich im Bahnhof auf
Strecke S2 oder S4 befinden. Das erste Fahrzeug der
Warteschlange, die länger ist, erhält die Bezeichnung des
ersten Arbeitsplatzes in FaufListe als Fahrziel zugewiesen
und wird zu S7 umgelagert. Von dort an setzen die Fahrzeuge
ihren Weg selbstständig fort. Ihr Verhalten wird von ihrer
"eigenen" Steuerung FTS-Weg bestimmt. Befindet sich das

Fahrzeug am Ein- oder Ausgang eines Arbeitsplatzes, so veranlaßt FTS-WEG das Ab- oder Aufladen von Paletten. Ist das Fahrzeug auf den Wartelinien S2 oder S4, wird es dort angehalten. Auf allen anderen Strecken wird anhand eines Fahrplanes das nächste Wegelement bestimmt und das Fahrzeug dorthin umgelagert. Der Fahrplan enthält nur die Nachfolgerstrecken, die von einer Weiche aus zu befahren sind, um zum jeweiligen Ziel zu kommen. Als Indizes werden Standort und Ziel eines Fahrzeuges verwendet, um die nächste Wegstrecke, zu der das Fahrzeug umgelagert werden muß, zu finden. Folgendes Bild zeigt den Fahrplan, der in der Liste FPlan untergebracht ist. Beginnt ein Elementident mit dem Trennzeichen "•", so befindet sich das Element in dem selben Makro wie der Fahrplan.

FPLAN

	I	•AP1	•AP2	•AP3	•AP4
•S1	I	S4	S2	S4	S2
•S7	I	S14	S17	S8	S8
•S8	I	S9	S9	S20	S23

Tabelle 43: Fahrplan für das FTS

Die Steuerungen ABRUF-ÜST, FTS-START und FTS-WEG werden in folgenden Tabellen gezeigt.

FTS · ET von ABRUF-ÜST

@ · BE[1] = austrittsbereit ?	J	N
· FAUFLISTE <- @	●	
Aktivieren von ET: FTS-START	●	
Fehler: " FALSCHER AUFRUF VON @ "		●

FTS · ET von FTS-START

· S2 · INHALT $\leq$ · S4 · INHALT ?	J	J	J	J	J	J	J	J	N	N	N	N	N	N	N	N
· S2 · BE[1] = austrittsbereit ?	J	J	J	J	N	N	N	N	J	J	J	J	N	N	N	N
· S4 · BE[1] = austrittsbereit ?	J	J	N	N	J	J	N	N	J	J	N	N	J	J	N	N
· FAUFLISTE = belegt ?	J	N	J	N	J	N	J	N	J	N	J	N	J	N	J	N
· S2 · BE[1] · ZIEL <- · FAUFLISTE · BE[1]	●		●								●					
Umlagern von · S2 · BE[1] nach · S7	●		●								●					
· S4 · BE[1] · ZIEL <- · FAUFLISTE					●				●				●			
Umlagern von · S4 · BE[1] nach · S7					●				●				●			
Keine Aktion		●		●		●	●			●		●		●	●	
Fehler: " FTS-START FALSCH AUFGERUF. "								●								●

FTS · ET von FTS-WEG

@ · STANDORT · NF[1] = @ · ZIEL ?	J	J	J	J	J	J	J	J	N	N	N	N	N	N	N	N
@ · STANDORT · VG[1] · BE[1] = @ · ZIEL ?	J	J	J	J	N	N	N	N	J	J	J	J	N	N	N	N
@ · STANDORT = · S2 ?	J	J	N	N	J	J	N	N	J	J	N	N	J	J	N	N
@ · STANDORT = · S4 ?	J	N	J	N	J	N	J	N	J	N	J	N	J	N	J	N
Fehler: " BEDINGUNGSKOMB. UNMÖGLICH "	●	●	●	●	●	●	●		●	●	●		●			
Abladen von @ nach @ · ZIEL								●								
@ · ZIEL <- ABGABE								●								
Aufladen von @ · STANDORT · VG[2] auf @												●				
Keine Aktion														●	●	
Umlagern von @ · STANDORT nach · FPLAN[@ · STANDORT, · @ · ZIEL]								●				●				●

Tabelle 44: Steuerungen der Unstetigfördereinrichtung

8.1.3 ABBILDUNGSBEISPIEL EINER LAGEREINRICHTUNG

Folgendes Beispiel zeigt eine mögliche Modellierung für eine Hochregallagergasse. Im Modell gelangen die Güter zur Einlagerbahn und rutschen dort auf. Das Regalbediengerät (RBG) fährt auf den Strecken "LASTEINFAHRT", "LEERFAHRT" und "LASTAUSFAHRT". Tritt es bei "LASTEINFAHRT" in die Strecke ein, so nimmt es, wenn vorhanden, eine Palette von der Einlagerbahn "EINL-BAHN" auf und transportiert sie in das "REGAL". Das Regalbediengerät benutzt dabei das Element "LASTEINFAHRT". Die tatsächliche Fahrstrecke kann durch die RBG-ÜST in Abhängigkeit des Abgabeplatzes berechnet werden. Nach der Ankunft bei dem richtigen Regalplatz wird die Palette vom RBG auf dem Regal abgegeben. Das RBG fährt i.a. leer auf der Leerfahrtstrecke weiter, um vor Eintritt in die Lastausfahrtsstrecke ein Teil aus einem bestimmten Lagerfach zu entnehmen. Das Teil wird durch eine Lastausfahrt zur

Auslagerbahn gebracht und wartet dort auf Abtransport.

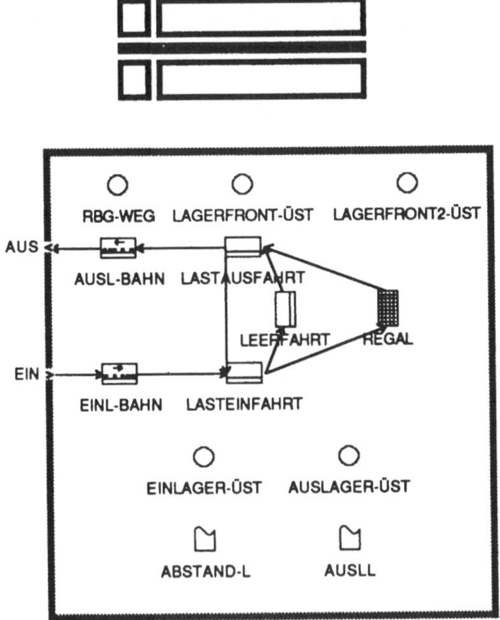

Bild 32: Layout und Modell der Hochregallagergasse

Die Fahrten des RBG werden durch verschiedene globale
Steuerungen gesteuert. Die globale Steuerung "EINLAGER-ÜST"
(ÜST heißt hier übergeordnete Steuerung) veranlaßt das
Abladen vom RBG an der Auslagerbahn. Sie bestimmt den
Zielort von einzulagernden Teilen und beauftragt ihren
Transport dorthin. Möchten andere Makros Teile anfordern, so
legen sie die Auslagerwünsche als Teiletypenbezeichnung in
einer Auslagerliste "AUSLL" ab. Diese werden von der RBG-
Steuerung RBG-Ausl in FIFO-Manier entnommen und eine
Leerfahrt des RBG zu dem entsprechenden Lagerfach veranlaßt.
Die zugehörigen Entscheidungstabellen werden im folgenden
dargestellt. Der Makroname zur Adressierung eines Elements
muß auch hier nicht vorangestellt werden, wenn sich die
Entscheidungstabelle im selben Makro wie das Element
befinden. In diesem Fall genügt es mit einem Trennzeichen zu
beginnen (•).

LAGER·EINLAGER-ÜST/ET Übergeordnete Steuerung

	J	J	N	N
@ = belegt ?	J	J	N	N
@ · OBJEKT1 ≠ NIL ?	J	N	J	N
Umlagern von @ nach · REGAL · LE[@ · ZAHL3 , @ · ZAHL4]	•	•		
· EINLAGER-ÜST · ZAHL3 <- @ · ZAHL3	•		•	
· EINLAGER-ÜST · ZAHL4 <- @ · ZAHL4	•		•	
@ · ZAHL3 <- MIN (ELE (SP · · REGAL · LE[@ · ZAHL3 , @ · ZAHL4] , @ · OBJEKT1))	•		•	
@ · ZAHL4 <- MAX (ELE (SP · · REGAL · LE[· EINLAGER-ÜST · ZAHL3 , @ · ZAHL4] , @ · OBJEKT1))	•		•	
· EINLAGER-ÜST · ZAHL3 <- @ · ZAHL3 - · EINLAGER-ÜST · ZAHL3	•		•	
· EINLAGER-ÜST · ZAHL4 <- @ · ZAHL4 · EINLAGER-ÜST · ZAHL4	•		•	
· ABSTAND-L <- · EINLAGER-ÜST · ZAHL3 · · REGAL · FACHLÄNGE / @ · ZAHL1	•		•	
· ABSTAND-L <- · EINLAGER-ÜST · ZAHL4 · · REGAL · FACHHÖHE/@ · ZAHL2	•		•	
· LEERFAHRT · LAENGE <- MAX (· ABSTAND-L · LE[#])	•		•	
· LEERFAHRT · LAENGE <- 0		•		•
Umlagern von · LASTEINFAHRT nach · LEERFAHRT	•	•	•	•

LAGER·LAGERFRONT-ÜST/ET Übergeordnete Steuerung

	J	J	N	N
· AUSLL = belegt ?	J	J	N	N
ELE (· REGAL · LE[# , #] , · AUSLL · LE[1]) ≠ NIL ?	J	N	J	N
@ · OBJEKT1 <- · AUSLL · LE[1]	•			
@ · OBJEKT1 <- NIL		•	•	•
· AUSLL · LE[2] <- · AUSLL · LE[1]		•	•	•

LAGER·LAGERFRONT2-ÜST/ET Übergeordnete Steuerung

	J	J	J	J	J	J	J	J	N	N	N	N	N	N	N	N
@ · OBJEKT1 ≠ NIL ?	J	J	J	J	J	J	J	J	N	N	N	N	N	N	N	N
@ = belegt ?	J	J	J	J	N	N	N	N	J	J	J	J	N	N	N	N
· EINL-BAHN · BE[1] = austrittsbereit ?	J	J	N	N	J	J	N	N	J	J	N	N	J	J	N	N
· REGAL = voll ?	J	N	J	N	J	N	J	N	J	N	J	N	J	N	J	N
Abladen von @ nach · AUSL-BAHN	•	•	•	•					•	•	•	•				
@ · ZAHL3 <- MIN (ELE (SP · · REGAL · LE[0 , 0] , NIL))		•				•				•				•		
@ · ZAHL3 <- MAX (ELE (SP · · REGAL · LE[0 , 0] , NIL))		•				•				•				•		
· ABSTAND-L <- @ · ZAHL3 · · REGAL · FACHLÄNGE / @ · ZAHL1		•				•				•				•		
· ABSTAND-L <- @ · ZAHL4 · · REGAL · FACHLÄNGE / @ · ZAHL2		•				•				•				•		
· LASTEINFAHRT · LAENGE <- MAX (· ABSTAND-L · LE[#])		•				•				•				•		
Umlagern von · LASTAUSFAHRT nach · LASTEINFAHRT	•	•	•	•	•	•	•	•		•				•		
Aufladen von · EINL-BAHN auf @		•				•				•				•		
Keine Aktion													•		•	•

LAGER·RBG-WEG/ET Übergeordnete Steuerung

	J	J	J	J	N	N	N	N
@ · STANDORT = · LASTAUSFAHRT ?	J	J	J	J	N	N	N	N
@ · STANDORT = · LASTEINFAHRT ?	J	J	N	N	J	J	N	N
@ · STANDORT = · LEERFAHRT ?	J	N	J	N	J	N	J	N
Aktivieren von ET : ·LAGERFRONT-ÜST				•				
Aktivieren von ET : ·EINLAGER-ÜST						•		
Aktivieren von ET : ·AUSLAGER-ÜST							•	
Umlagern von @ · STANDORT nach @ · STANDORT · NF[1]								•
Meldung : " FEHLER IN RBG-WEG "	•	•	•		•			

LAGER·AUSLAGER-ÜST/ET Übergeordnete Steuerung

	J	N
@ · OBJEKT1 ≠ NIL ?	J	N
Aufladen von · REGAL · LE[@ · ZAHL3 , @ · ZAHL4] auf @	•	
· ABSTAND-L <- @ · ZAHL3 · · REGAL · FACHLÄNGE / @ · ZAHL1	•	•
· ABSTAND-L <- @ · ZAHL4 · · REGAL · FACHLÄNGE / @ · ZAHL2	•	•
· LASTAUSFAHRT · LAENGE <- MAX (· ABSTAND-L · LE[#])	•	•
Umlagern von · LEERFAHRT nach · LASTAUSFAHRT	•	•

Tabelle 45: Regalbediengerätsteuerungen

8.1.4 ABBILDUNGSBEISPIEL EINER BEARBEITUNGSEINRICHTUNG

Folgendes Bild zeigt eine rechnergesteuerte Fräsmaschine, wie sie auch Teil eines flexiblen Fertigungssystems sein könnte. Die Werkstückzufuhr wird über die "Rutsche" "WST-P-EIN" abgebildet. Die Bearbeitungsaufträge werden von anderen Fertigungselementen in einer Auftragsliste abgelegt. Kommt ein Werkstück am Rutschenausgang an, so wird die Zellensteuerung aufgerufen, entnimmt einen Fertigungsauftrag aus der Liste und lagert ein Werkstück auf die "Maschine" (Kapazität = 1) um. Dieses wird mit dem Auftrag zugeordneter Zeit und Werkzeug bearbeitet und dann dem Ausgangspuffer "WST-P-AUS" übergeben, wo die fertigen Teile aufrutschen.

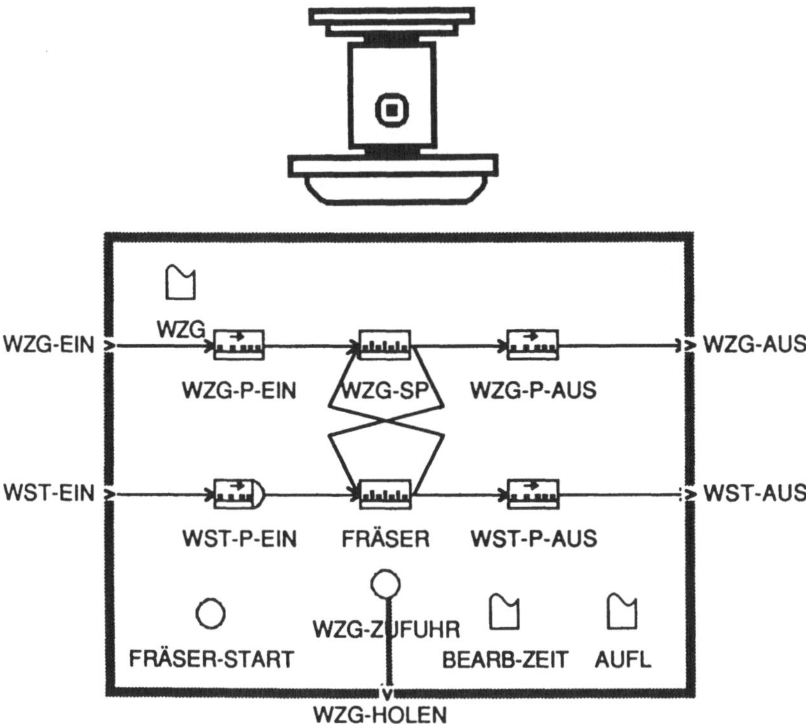

Bild 33: Symbol und Modell einer Bearbeitungseinrichtung

Werkzeuge werden über den Eingangspuffer "WZG-P-EIN" angeliefert und im Werkzeugspeicher "WZG-SP" aufbewahrt. Die Werkzeuge werden in einer "Maschine" gespeichert, die hier als eindimensionaler Puffer mit wahlfreiem Zugriff verstanden wird. Die Nutzungsdauer der Werkzeuge wird über ein freies Attribut des Typs Zahl der Werkzeuge verbucht. Sind Werkzeuge unbrauchbar geworden, werden sie über den Puffer "WZG-P-AUS" abtransportiert und neue Werkzeuge angefordert. Die Steuerung der Fräsmaschine wird in folgender Tabelle gezeigt.

·WST-P-EIN/ET Verteilen

Aktivieren von ET: ·FRÄSER-START	●

·WZG-ZUFUHR/ET Übergeordnete Steuerung

	J	N
ELE (· WZG · LE[#] , · FRÄSER · OBJEKT2) = · FRÄSER · OBJEKT2 ?		
Warten 56 Sekunden	●	
Umlagern von · WZG-SP · BE[· FRÄSER · OBJEKT2] nach · FRÄSER	●	
· WZG-ZUFUHR · NF[1] <- · FRÄSER · OBJEKT2		●

·FRÄSER-START/ET Übergeordnete Steuerung

· WST-P-EIN · BE[1] = austrittsbereit ?	J	J	J	J	N	N	N	N
· AUFL = belegt ?	J	J	N	N	J	J	N	N
· FRÄSER · Objekt1 ≠ · AUFL · LE[1] ?	J	N	J	N	J	N	J	N
· FRÄSER · OBJEKT1 <- · AUFL · LE[1]	●	●						
· FRÄSER · DURCHLAUFZEIT <- · BEARB-ZEIT · LE[· FRÄSER · OBJEKT1]	●							
· FRÄSER · OBJEKT2 <- · WZG · LE[· FRÄSER · OBJEKT1]	●							
Aktivieren von ET: ·WZG-ZUFUHR	●							
Keine Aktion			●	●	●	●	●	●

Tabelle 46: Steuerungen der Bearbeitungseinrichtung

8.1.5 ABBILDUNGSBEISPIEL EINER MONTAGEEINRICHTUNG

Hier wird die Modellierung einer Motormontagezelle gezeigt.
Die zu montierenden Teile warten in Pufferanlagen. Hat die
Montageanlage, die hier durch eine "Maschine" dargestellt
ist, einen Motor fertig montiert, so werden neue Teile von
den Puffern entnommen und montiert. Teile werden von den
Paletten entnommen, bis die Palette leer ist. Diese wird
dann zum Leergutpuffer umgelagert und wartet dort auf
Abtransport.

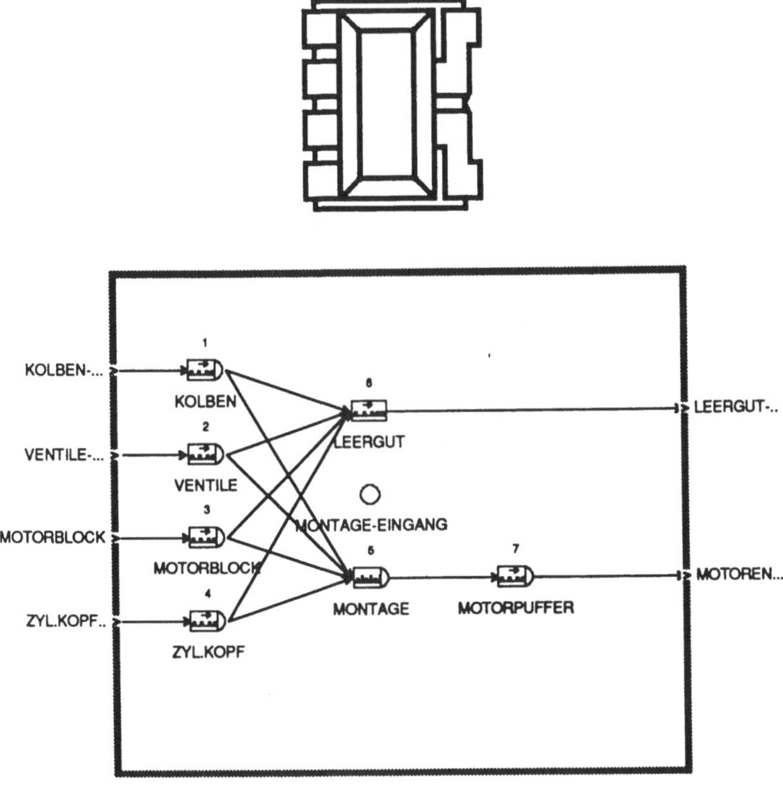

Bild 34: Symbol und Modell einer Motormontageeinrichtung

In den folgenden Entscheidungstabellen wird die Steuerung
der Montageanlage gezeigt.

•MOTORPUFFER/ET Verteilen

	1	2	3	4
@ • BE[1] = austrittsbereit ?	J	J	N	N
@ • BE[1] = belegt ?	J	N	J	N
Aktivieren von ET: MONTAGEEINGANG	●			
Umlagern von @ • BE[1] nach • LEERGUT		●		
Meldung: FALSCHER AUFRUF			●	●

•MONTAGE/ET Verteilen

	1	2	3	4	5	6	7	8	9	10	11	12	13	14	15	16
@ • VG[1] • BE[1] = austrittsbereit ?	J	J	J	J	J	J	J	J	N	N	N	N	N	N	N	N
@ • VG[1] • BE[1] = austrittsbereit ?	J	J	J	J	N	N	N	N	J	J	J	J	N	N	N	N
@ • VG[1] • BE[1] = austrittsbereit ?	J	J	N	N	J	J	N	N	J	J	N	N	J	J	N	N
@ • VG[1] • BE[1] = austrittsbereit ?	J	N	J	N	J	N	J	N	J	N	J	N	J	N	J	N
Aktivieren von ET: MONTAGEEINGANG	●															
Keine Aktion		●	●	●	●	●	●	●	●	●	●	●	●	●	●	●

Motormont. • ET von MONTAGE-EINGANG

	1	2	3	4	5	6	7	8	9	10	11	12	13	14	15	16
@ • VG1 • BE[1] = austrittsbereit ?	J	J	J	J	J	J	J	J	N	N	N	N	N	N	N	N
@ • VG2 • BE[1] = austrittsbereit ?	J	J	J	J	N	N	N	N	J	J	J	J	N	N	N	N
@ • VG3 • BE[1] = austrittsbereit ?	J	J	N	N	J	J	N	N	J	J	N	N	J	J	N	N
@ • VG4 • BE[1] = austrittsbereit ?	J	N	J	N	J	N	J	N	J	N	J	N	J	N	J	N
Montieren von @ • VG1 • BE[1] • BE[1], @ • VG2 • BE[1] • BE[1], @ • VG3 • BE[1]	●															
Keine Aktion		●	●	●	●	●	●	●	●	●	●	●	●	●	●	●

Tabelle 47: Steuerung der Montage, der Pufferausgänge und
des Montageeinganges

8.2 BEISPIEL ZUR REALISIERUNG EINES FERTIGUNGSMODELLS

In diesem Kapitel soll der Einsatz des beschriebenen Verfahrens anhand eines gesamten Fertigungsabschnittes gezeigt werden. Dabei wird besonders die Darstellung der Verknüpfung von Methode, Mensch und Rechner und damit der objektorientierten Oberfläche in den Vordergrund gestellt.

EDITIEREN BEWEGLICHER ELEMENTE

Mit dem Programmteil BE-Edit werden alle beweglichen Elemente der Fertigung erzeugt (s. Bild 35)

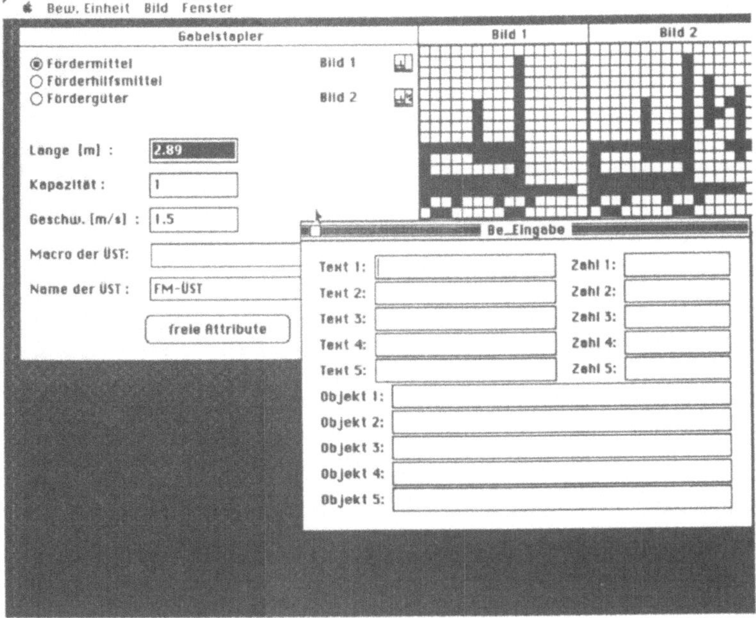

Bild 35: Eingabedialog beim Programmteil BE-Edit.

Dem Benutzer werden nach der Wahl des Elementtyps (FM, FHM oder FG) automatisch die entsprechenden Attribute zur Eingabe angeboten. Damit wird ein Nachschlagen in Handbüchern überflüssig, was den Umgang mit dem Verfahren erleichtert. Da auf das bewegliche Objekt später symbolhaft zugegriffen werden soll, muß der Benutzer ein Symbol zeichnen, für das ein 16x16 Pixelraster zur Verfügung steht.

Ein zweites Bild kann optional eingegeben werden, um später zusätzliche Zustände, wie z.B. Störungen oder das Aufladen der Fahrzeug-Batterien, anzeigen zu können. Sehr wichtig ist die Eingabe von "Animationspunkten". An diesen Punkten werden andere bewegliche Elemente, die zum beweglichen Element hinzukommen, später dargestellt. Solche Zuordnungen enstehen z.B. beim Aufladen und Sortimentbilden von beweglichen Elementen, bei denen die bewegliche Elemente ihre eigene Identität behalten. Soll dieser Vorgang während der Animation dargestellt werden, so wird der Mittelpunkt des hinzugefügten beweglichen Elementes auf den Animationspunkt des "tragenden" beweglichen Elementes gelegt und beide auf diese Weise verbunden dargestellt. Sind alle Daten für das neue bewegliche Element eingegeben, so muß es zum Schluß unter einem bestimmten, noch nicht vorhandenen Namen, abgelegt werden. Jedes von BE-Edit erzeugte Element baut eine Typklasse von beweglichen Elementen auf. Später wird dieses Element herangezogen, um durch Kopieren die einzelnen Instanzen der Klasse zu bilden. Durch dieses Vorgehen muß jeder Elementtyp nur einmal erzeugt werden und kann dann aus einer Bibliothek abgerufen werden.

EDITIEREN UNBEWEGLICHER ELEMENTE

Unbewegliche Elemente einer Fertigung können vielfältiger Natur sein. Entsprechend der hier hergeleiteten Beschreibungssprache müssen Makros aus einem endlichen Satz verallgemeinerter unbeweglicher Netzwerkelemente aufgebaut werden. Beispiele für solche Teilmodelle wurden im vorigen Kapitel erläutert. Hier soll anhand eines Beispiels auf die Art der Eingabe und die Hierarchie der Anwenderebenen eingegangen werden.

Elemente, wie Hochregallagergassen, Fräsmaschinen, Drehbänke, Montagezellen, Förderstrecken etc., kommen fast immer mehrfach in einer Fertigung vor. Um den Eingabeaufwand möglichst gering zu halten, sollen auch hier wieder Fertigungselemente nur einmal eingegeben werden müssen und können dann durch Kopieren beliebig oft in das Modell einer Fertigung vervielältigt werden. Das Editieren solcher Fertigungselemente wird vom Programmteil MAKRO-Edit übernommen. Makros müssen Ein- und Ausgänge besitzen, durch die sie miteinander verknüpft werden. Im Inneren eines Makros können alle unbeweglichen Elemente der Beschreibungssprache miteinander vernetzt werden. Ein typisches Makro ist die oben erklärte und hier nochmals dargestellte Hochregallagergasse.

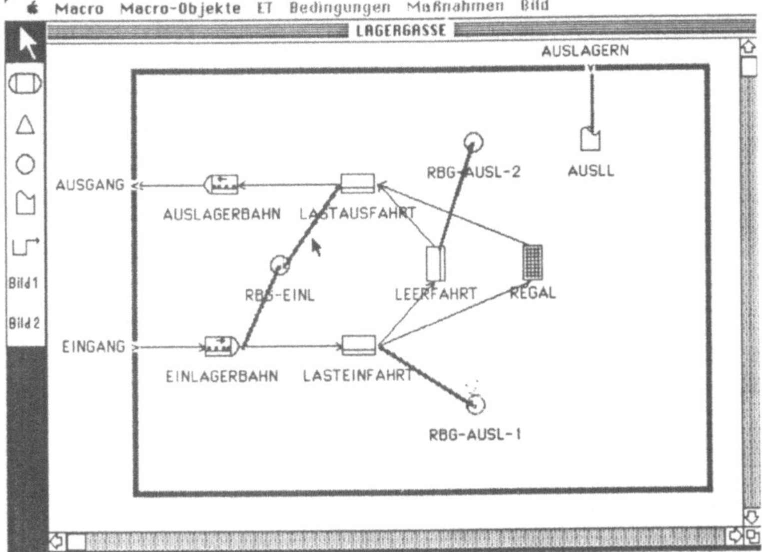

Bild 36: Hochregallagergasse als Makro

Die einzelnen Netzwerkelemente werden auf der Randleiste
selektiert und durch Mausklick in die Zeichenebene gesetzt.
Für Verbindungen wird das Pfeilsymbol ausgewählt und durch
Klicken auf Vorgänger- und Nachfolgerelement eine Verbindung
hergestellt. Verbindungen des Materialflusses (dünne Pfeile)
zeigen erlaubte Materialflüsse an und ermöglichen ein
Ansprechen der Vorgänger- und Nachfolger-Materialfluß-
elemente über die bekannten Variablen NF[i] und VG[j]. i und
j sind dabei der ite und jte Nachfolger- oder Vorgängerpfeil
einer aktiven Anlage. Informationsflußpfeile (IFP) sind zur
leichteren Unterscheidbarkeit dick dargestellt. Sie können
zu jeder Zeit ausgeblendet werden, wenn es einem Zuwachs der
Übersichlichkeit dient. Geht ein Informationsflußpfeil z.B.
von dem Ausgang eines aktiven Materialflußelements zu einer
ÜST, so ist die lokale Verteilsteuerung des aktiven
Materialflußelements außer Kraft gesetzt und die ÜST wird
bei einem AUS-Ereignis direkt aufgerufen. Für die im
Netzwerk plazierten Materialflußelemente muß noch ein Typ
ausgewählt und die entsprechenden Attribute eingegeben
werden. Dies erfolgt wie bei den beweglichen Elementen über
Dialogfenster. Dem Benutzer wird durch Vorgabe der erlaubten
Attribute das Nachschlagen in Handbüchern erspart.

Folgende Bilder verdeutlichen die Vorgehensweise.

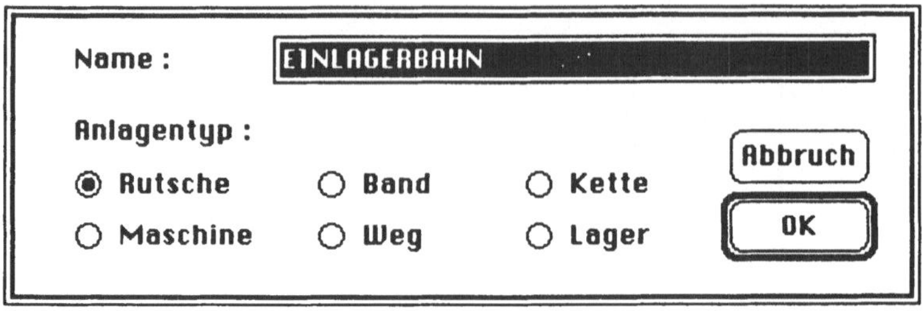

Bild 37: Eingabe des Anlagentyps

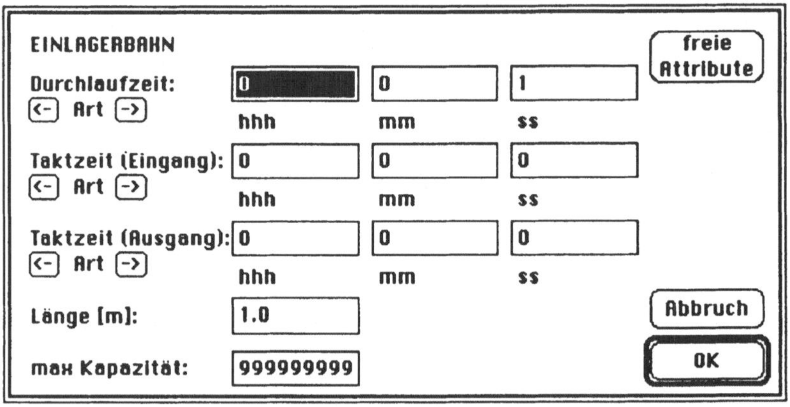

Bild 38: Eingabe von Attributen einer "Rutsche"

Steuerungen werden in SIMPLE mit Entscheidungstabellen
eingegeben. Hierfür werden dem Benutzer alle erlaubten
Bedingungsabfragen und Maßnahmen in einem Menu angeboten.
Bei der Wahl, einer bestimmten Bedingung oder Maßnahme, wird
ihm ein Dialogfenster mit einem formalen Syntaxbaum
angezeigt. Der Anwender wählt aus den erlaubten Eingaben die
gewünschte durch Anklicken aus. Dies wird so lange
fortgesetzt, bis eine vollständige Maßnahme mit korrekter
Syntax eingegeben ist.

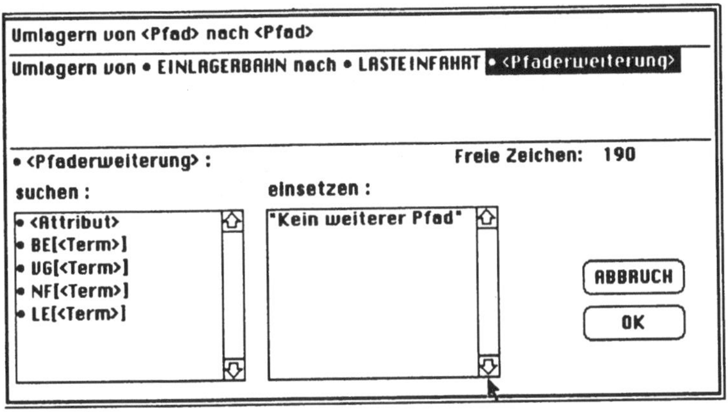

Bild 39: Eingabe einer Maßnahme

Dieser Zwangsmechanismus, bei dem der Anwender nur die
Elemente für eine korrekte Syntax angeboten bekommt, ist
einerseits für das System vorteilhaft, weil kein Parsen[57]
des Textes nach Syntaxfehlern nötig ist, und andererseits
für den Benutzer von Nutzen, da er stets nur die korrekte
Syntax angezeigt bekommt, nicht Nachschlagen muß und keine
Syntaxfehler eingeben kann. Eine fertig erstellte
Entscheidungstabelle zeigt das nächste Bild.

HRL•OBJ 12: ANLAGE/ET Verteilen

	1	2	3	4	5	6	7	8	9	10	11	12	13	14	15	16
@ • NF[1] = @ • ZIEL ?	J	J	J	J	J	J	J	J	N	N	N	N	N	N	N	N
@ • VG[1] • BE[1] = @ • ZIEL	J	J	J	J	N	N	N	N	J	J	J	J	N	N	N	N
@ • STANDORT = S2 ?	J	J	N	N	J	J	N	N	J	J	N	N	J	J	N	N
@ • STANDORT = S4 ?	J	N	J	N	J	N	J	N	J	N	J	N	J	N	J	N
Abladen von @ nach @ • ZIEL								●								
@ • ZIEL <- ABGABE								●								
Aufladen von @ • VG[2] auf @												●				
Keine Aktion																
Umlagern von @ • STANDORT na								●				●				
Meldung: " FEHLER: "BEDINGUNGS	●	●	●	●	●	●	●		●	●	●		●	●	●	●

Bild 40: Darstellung einer ET in SIMPLE

Das oben gezeigte Makro einer HRL-Gasse stellt ein neues
Fertigungselement dar. Wie bei den beweglichen Elementen,
muß es ein Symbol erhalten, damit ein graphischer Zugriff

---

[57] Parsen eines Textes heißt Lesen und Erkennen des Textes zur
Übersetzung in eine maschinenlesbare Form

auf das Element und eine Darstellung in der Animation
möglich wird. Dazu steht der unten dargestellte 64x64
Pixeleditor zur Verfügung.

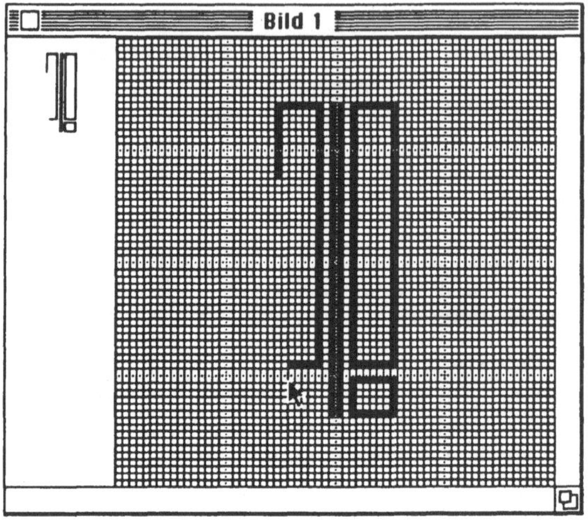

Bild 41: Zeichnen eines Symbols für das HRL-Makro

Auch hier müssen Animationspunkte eingegeben werden, um die
Bewegung von beweglichen Elementen auf der Symbolebene
darstellen zu können. Die Animationspunkte werden auf dem
Symbol gesetzt und danach den Materialflußelementen des
Makros zugeordnet.

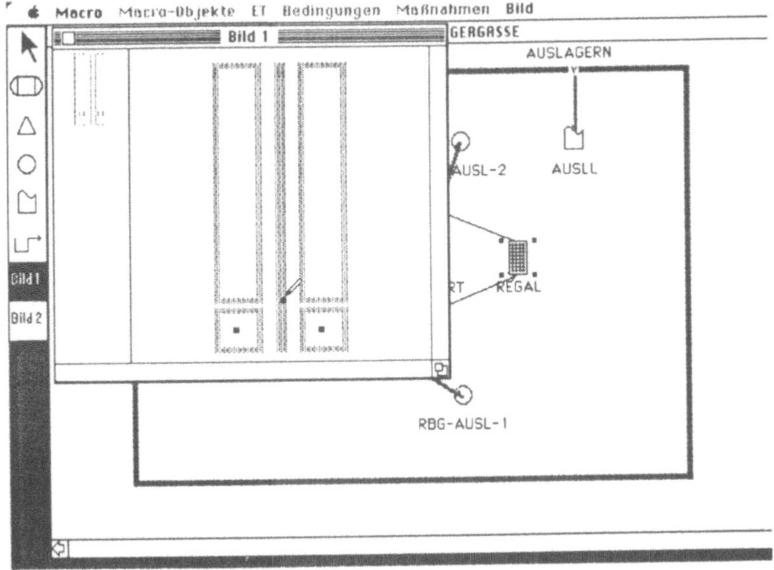

Bild 42: Eingabe der Animationspunkte in Makros

Bewegen sich nun Teile während des Simulationslaufes im
Materialfluß-Netzwerk, so werden die Symbole der beweglichen
Elemente auf den Symbolen der Makros an Animationspunkten,
die eine Beziehung zu den Materialflußelementen des Netzes
haben, dargestellt. Damit sind auf einfachste Art alle
Vorbereitungen für eine Animation getroffen worden. Das
erzeugte Makro muß nun unter einem Namen in einer Bibliothek
abgespeichert werden, damit es später für den "Zusammenbau"
eines Gesamtmodells einer Fertigung abrufbar ist.

Alle Fertigungselemente, die in einer bestimmten Form
mehrfach vorkommen, eignen sich als Makros. Bei dem Entwurf
eines Makros sollte für eine sinnvolle Modularisierung die
Grundregel beachtet werden, daß ein Makro möglichst wenige
Ein- und Ausgangsschnittstellen hat und möglichst oft
wiederverwendbar sein sollte. Für den Aufbau von Wegenetzen
bieten sich z.B. die in folgendem Bild gezeigten Makros an.

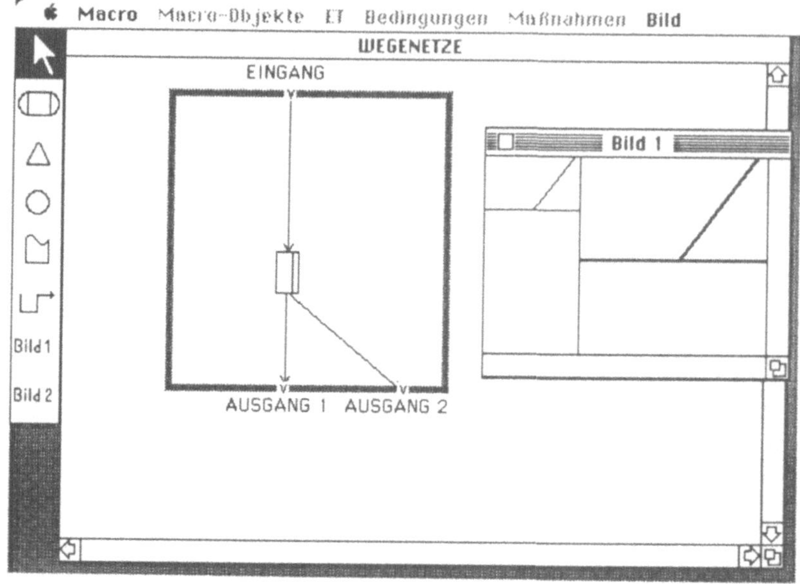

Bild 43: Makro zum Aufbau von Wegenetzen

EDITIEREN EINES SIMULATIONSMODELLS

Der Programmteil MODELL-Edit erlaubt das Zusammenfügen von
Makros und beweglichen Elementen zu einem vollständigen und
lauffähigen Simulationsmodell. Hier werden die gewünschten,
vorgefertigten Objekte einer Fabrik (Makros und bewegliche
Elemente) aus den Bibliotheken auf eine Randleiste geladen.
Der Anwender selektiert wieder ein Element der Randleiste
und plaziert dies auf der Modellfläche. Durch das Plazieren
wird automatisch eine Instanz der gewählten Objektklasse
erzeugt. Alle Eigenschaften und Attribute der Klasse werden
dabei vererbt. Der Benutzer kann einzelne Instanzen seines
Modells noch in seinen Parametern verändern, um damit z.B.
unterschiedliche Geschwindigkeiten gleicher Drehbankmakros
zu modellieren oder um Parameter einer Steuerung zu ändern.
Er darf jedoch nicht die Struktur des Netzwerkes, der
Steuerung oder das Aussehen und die Animationspunkte eines
Objektes modifizieren, da das Objekt dann, entsprechend der
genannten Regeln, kein Mitglied seiner ursprünglichen Klasse
bleibt. Folgendes Bild zeigt den Vorgang des Plazierens von
Makros.

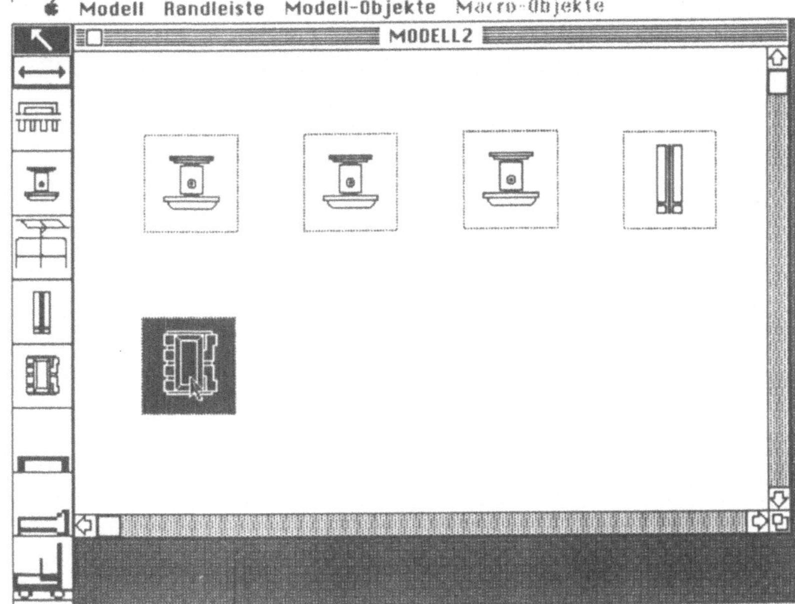

Bild 44: Plazieren von Makros mit MODELL-EDIT

Bewegliche Elemente können ins Modell gesetzt werden, um die Anfangsfüllung eines Systems zu Beginn einer Simulation darzustellen. Es genügt jedoch nicht, einfach ein bewegliches Element auf die Modellebene zu setzen, da bewegliche Elemente immer einem bestimmten Materialflußelement zugeordnet werden müssen. Deshalb öffnet sich automatisch ein Makro und zeigt sein unterlegtes Modellnetzwerk, wenn ein bewegliches Element auf ein Makrosymbol gesetzt wird. Dadurch wird der Benutzer aufgefordert, ein bestimmtes Materialflußelement anzuklicken, in die das bewegliche Element gehört. Durch mehrfaches Anklicken kann das gleiche bewegliche Element mehrmals in eine Anlage gesetzt werden. Die beweglichen Elemente werden dann symbolhaft angezeigt.

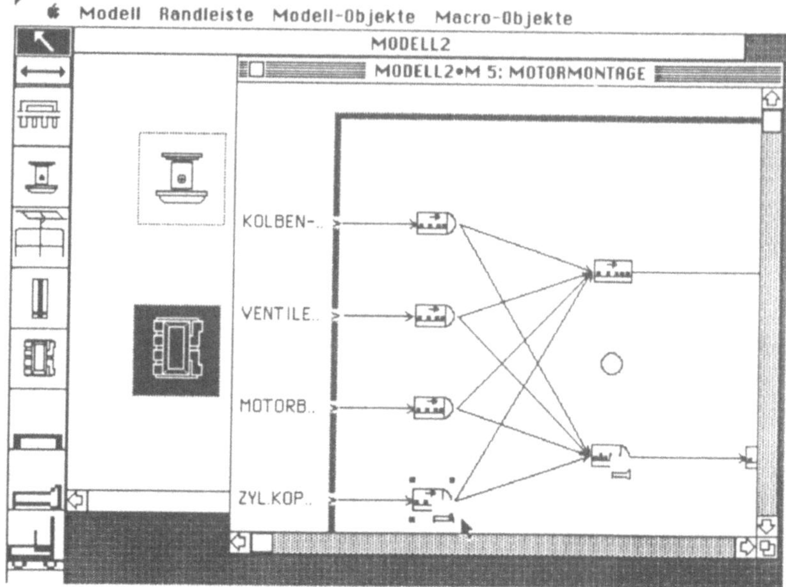

Bild 45: Plazieren von beweglichen Elementen in Makros

Nach dem Plazieren der Makros sollten diese noch mit ihren
Ein- und Ausgängen verbunden werden, damit ein
zusammenhängendes Modellnetzwerk entsteht. Ein
Simulationslauf sollte nur dann gestartet werden, wenn alle
Schnittstellen der Makros verknüpft sind, da sonst die
Gefahr von Blockierungen durch unverbundene Ausgänge oder
von Unterversorgung durch unverbundene Eingänge besteht. Zum
Verbinden von Ein- und Ausgängen wird ein Verbindungszeiger
gewählt und der Vorgänger und der Nachfolger der gewünschten
Verbindung angeklickt. Dadurch öffnet sich ein
Eingabefenster, das, wie im folgenden Bild zu sehen ist, die
Verknüpfung der Ein- und Ausgänge der Makros erlaubt.

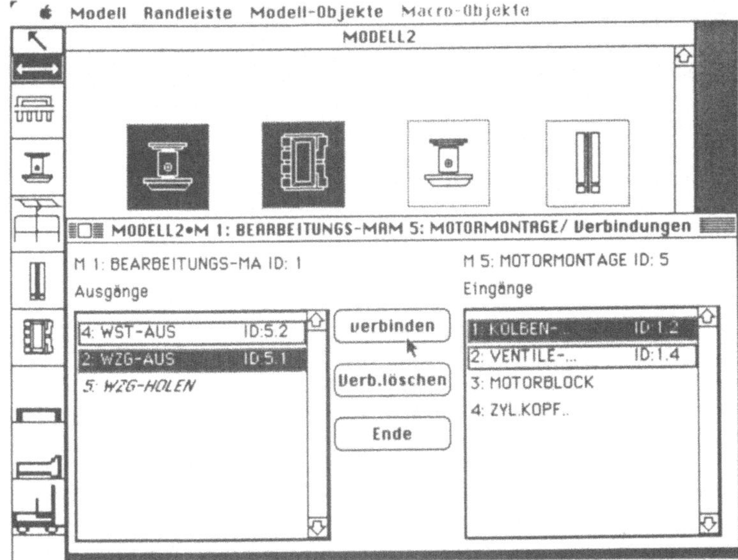

Bild 46: Fenster zur Eingabe der Verbindungen von Makros

Wie in dieser Beschreibung ersichtlich, sind beim Editieren
des Modells nur sehr einfache Arbeiten, die rezeptartig
durchgeführt werden können, zu erledigen. Durch die gezeigte
Hierarchie von Editoren (Vorbereitung von Objekten der
Fertigung und danach erst Modellieren des gesamten Systems)
können auch unerfahrenere Planer die Simulationstechnik für
ihre Planungen nutzen. Sie beginnen erst mit dem Programmteil MODELL-Edit und verwenden die von erfahreneren Planern
vorbereiteten, komplexeren Fertigungsobjekte.

<u>DURCHFÜHREN DER SIMULATION</u>

Nachdem das Modell eines Fertigungsbereiches vollständig eingegeben ist, kann ein Simulationslauf gestartet werden. Der Simulatorkern führt entsprechend der oben erläuterten Vorgehensweise ein Ereignis nach dem anderen aus, so lange bis die Laufzeitgrenze der Simulation erreicht ist oder kein Ereignis innerhalb dieser Grenze mehr ansteht.

Während der Simulation wird "online" die Animation der Ereignisse der Simulation gezeigt. Dazu kann direkt das bei der Modellerstellung (MODELL-EDIT) entstandene Bild des Modells eingesetzt werden. Bewegliche Elemente werden in dem Modellnetzwerk bewegt und, wenn vorhanden, auf den Animationspunkten dargestellt. Je nach Situation können bewegliche Elemente und Makros durch ein zweites Bild besondere Zustände eines Elements verdeutlichen. Während des Simulationslaufes werden Statistiken gesammelt, die genaue Aussagen zu den Kenngrößen des Materialflußprozesses machen und jederzeit durch einfaches Anklicken der Objekte in der Animation angezeigt werden können. Statistiken können zu bestimmten Makros, zu beweglichen Elementen oder zum gesammten Modell erfaßt werden.

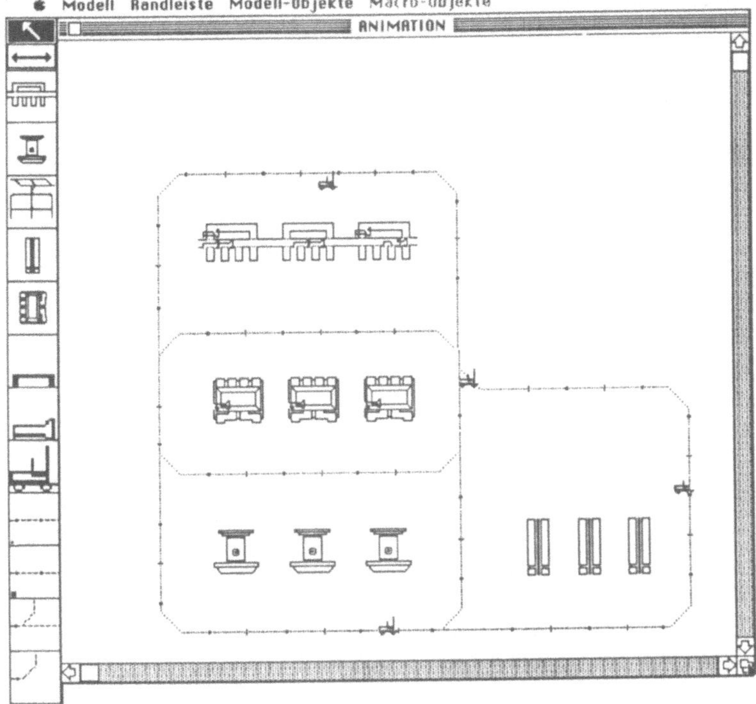

Bild 47: Animation des Simulationslaufes

Die "online" Animation erlaubt dem Anwender das System nicht
nur zur statistischen Auswertung zu nutzen, sondern auch als
Trainingssimulator zu verwenden. In einer solchen
Übungssituation können z.B. Staus und andere Zustände des
Systems direkt interaktiv behoben werden, indem die
Simulation gestoppt wird, und Parameter der Elemente variiert werden können. Danach kann die Simulation fortgesetzt
und der Effekt des Eingriffs beobachtet werden. Natürlich
sind die gesammelten Statistiken dann nicht mehr sinnvoll
einsetzbar, da dieser Eingriff die statistische Aussagenbasis innerhalb eines Erfassungszyklus ändert.

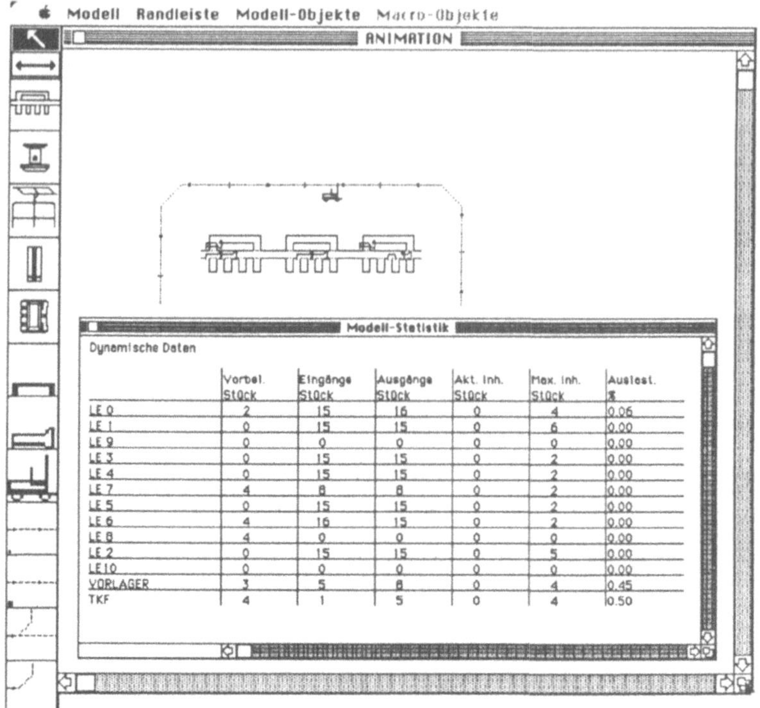

Dynamische Daten

	Vorbel. Stück	Eingänge Stück	Ausgänge Stück	Akt. Inh. Stück	Max. Inh. Stück	Auslast. %
LE 0	2	15	16	0	4	0.06
LE 1	0	15	15	0	6	0.00
LE 9	0	0	0	0	0	0.00
LE 3	0	15	15	0	2	0.00
LE 4	0	15	15	0	2	0.00
LE 7	4	8	8	0	2	0.00
LE 5	0	15	15	0	2	0.00
LE 6	4	16	15	0	2	0.00
LE 8	4	0	0	0	0	0.00
LE 2	0	15	15	0	5	0.00
LE 10	0	0	0	0	0	0.00
VORLAGER	3	5	8	0	4	0.45
TKF	4	1	5	0	4	0.50

Bild 48: Darstellung von Statistiken in der Simulation

Simulationsläufe geben Auskunft über das Verhalten eines Fertigungssystems in einer bestimmten Ausprägungsform. Eine Simulationsuntersuchung ist aber erst dann sinnvoll, wenn verschiedene Formen untersucht werden. Deshalb müssen verschiedene Parametervariationen geplant und jede Veränderungen simuliert werden. Erst dann ist eine Aussage über das Verhalten eines Systems unter verschiedenen Ausgangszuständen zulässig. Da die Erfassung von Statistiken und die Vorgehensweise bei der Durchführung von Simulationsexperimenten nicht das Thema dieser Arbeit ist, soll hier nur auf entsprechende Literatur verwiesen werden /105/.

Fertigungssysteme werden auf Grund von wirtschaftlichen Maßgaben auf eine bestimmte Leistung hin ausgelegt. Die geplante Leistung soll mit einem minimalen Aufwand an Kosten erbracht werden. Das Ziel der vorliegenden Arbeit war es, die Simulationstechnik als Werkzeug zum Erreichen dieser Planungsziele zu untersuchen und ein verbessertes Verfahren für die Durchführung von Simulationsexperimenten vorzuschlagen. Es gelang ein Simulationsverfahren zu entwickeln, das helfen soll, die Lücke, die zwischen flexiblen unterprogrammbasierten und schnell einsetzbaren parametrisierten Verfahren besteht, zu schließen. Während erstere den Planer zu zeitaufwendiger Programmierung zwingen, liegt die Schwäche letzterer Verfahren darin, daß der Planer für den ihm zur Verfügung stehenden offenen Katalog anwendungsnaher Komplexbausteine stets neue Bausteine beim Entwickler anfordern muß. Mit zwei Ansätzen wurde versucht die Belange eines Planers in den Vordergrund zu stellen und ihm zu ermöglichen die Wirtschaftlichkeit seiner Planungen zu verbessern.

Der erste Ansatz versucht mit einer neuen Systematik, Bausteine für eine Beschreibungssprache für Material- und Informationsflußelemente zu entwickeln, die allgemein genug ist, um alle vorhandenen Fertigungssysteme hinreichend exakt abzubilden, aber trotzdem anschaulich, leicht verständlich und leistungsfähig ist. Besonderes Augenmerk wurde auf ein möglichst realitätsnahes Verhalten der Bausteine gelegt. So wird die Kapazität von Materialflußbausteinen durch ihre Länge und nicht einfach durch eine Konstante bestimmt. Das Übergangs- und Nachrückverhalten der beweglichen Elemente wird ebenfalls exakt abgebildet. Bewegliche aktive Materialflußelemente (FM) sind erstmals aktive und mit einer eigenen Steuerung versehene Elemente. Für die Darstellung des Informationsflusses wurden eigene Bausteine vorgesehen, die ein eigenständiges Flußabbild des Informationsflusses ermöglichen. Durch Definition von Sprachelementen zur Steuerungsbeschreibung war es möglich, sich von dem herkömmlichen unterprogrammbasierten Programmierstil zu lösen und eine graphisch/sprachliche Eingabemöglichkeit für den Anwender bereitzustellen. Es gelang mit einer geringen Anzahl von Sprachelementen (einer Bedingung und sechzehn Maßnahmen) eine Beschreibungssprache für Steuerungen zu entwickeln, die die simulationsrelevanten Steuerungen eines Fertigungssystems vollständig abdeckt.

Der zweite Ansatz benutzt eine graphisch objektorientierte Benutzeroberfläche, die die Anwendung des Verfahrens für den Planer soweit vereinfacht, daß er die Vorgänge bei der Simulation intuitiv verstehen kann. Beim Prozeß der Modellierung kann der Planer sich stets an Methoden und Elementen aus seiner realen Umwelt orientieren. Mit einem einfachen Editor werden die beweglichen Elemente des Modells erstellt. Er hat über eine zweistufige Hierachie die Möglichkeit sich aus den Grundelementen der hier definierten Beschreibungssprache anwenderorientierte Makros zusammenzufügen. Der Anwender kann nun durch graphisches Zuordnen von Bedingungs- und Maßnahmeelementen Steuerungen schnell und übersichtlich erstellen. Die von ihm erstellten "Anwenderelemente" legt er in Bibliotheken ab und fügt aus ihnen sein Modell eines Fertigungsprozesses zusammen. Dabei wird ein Bild für eine anschauliche Animation automatisch bei dem Modellbildungsprozess erzeugt. Während der Simulation sorgen leistungsfähige Algorithmen für einen schnellen und richtigen Ablauf der modellierten Fertigungsprozesse. Ein einfaches Aufrufen von Statistiken ist durch Anklicken der Fertigungselemente zu jeder Zeit möglich.

Mit den genannten Verbesserungen für ein neues Simulationsverfahren kann nach ersten Erfahrungen, z.B. im Vergleich mit SIMULAP /83/, eine Verringerung des erforderlichen Zeitaufwandes zur Durchführung von Simulationsstudien um ca. 60% erreicht werden. Dieser Wirtschaftlichkeitszuwachs beruht vor allem auf dem Wegfall der unterprogrammbasierten Programmierungen. Für weitere Verbesserungen zukünftiger Systeme sind jedoch noch viele Möglichkeiten offen:

- Die Eingabe von Strategien kann durch Expertensysteme verbessert werden. Dazu muß ein natürlich-sprachliches Editieren der Regeln möglich sein. Vor allem aber sollte die formale Richtigkeit und gegenseitige Verträglichkeit von Strategien in Modellen vor dem Simulationslauf überprüft werden. Erste Ansätze hierzu sind bereits gemacht /106, 93/.

- Zukünftige Systeme sollten den Komfort einer selbst-ständigen Optimierung der Systemparameter bieten. Hier sind besonders große Schwierigkeiten zu überwinden, da zur Zeit noch keine Verfahren in Sicht sind, die dieses Ziel in ausreichend kurzer Simulationszeit erreichen können /107, 108/.

- Die Zusammenfassung und Aufbereitung statistischer
  Ergebnisse muß verbessert werden. Nur bei RESQ /62/
  erhält der Benutzer Aussagen zu Konfidenzintervallen
  seiner Ergebnisse. Die Qualität dieser Aussagen muß mit
  den Methoden der regenerativen Simulationstechnik /105/
  verbessert werden, die bei noch keinem System verwendet
  wird.

- Eine umfassendere Aufgabe wäre /12/, die Simulationstechnik in ein gesamtheitliches "Organisations- und
  Fabrikplanungssystem" einzubinden. Dies bietet sich
  an, da es möglich ist, eine einheitliche Beschreibungssprache für Anordnungsplanung, Simulation und Pro-
  duktionssteuerung zu finden. Damit wäre der Aufwand
  für die Erstellung eines Modells und die Eingabe der
  Daten nur einmal notwendig. Entscheidend dabei wird
  allerdings die Erstellung eines Kriterienkatalogs sein,
  der die verschiedenen Planungsziele einem gemeinsamen
  Ziel aller unterordnet und bewertbar macht.

10.LITERATURVERZEICHNIS

Schrifttum 1

/1/   Aggteleky, B.:
Fabrikplanung. Band 2: Betriebsanalyse und
Feasibility-Studie.
München und Wien: Carl Hanser 1982.

/2/   Börnecke, G.:
Die moderne Fabrik als Herausforderung an die Meß-
und Regeltechnik.
In: Schmidt, G.; Thoma, M. (Hrsg.): Fortschritte in
der Meß- und Automatisierungstechnik durch Informa-
tionstechnik.
Berlin, Heidelberg, New York: Springer 1986, S. 1-32.

/3/   Kuhn, A.:
Koppelung von Fertigung und Montage durch eine
materialflußorientierte Steuerung.
In: Wildemann, H. v. (Hrsg.): Planen und Steuern der
Produktion im Wandel.
München: gfmt 1985, S. 460-481.

/4/   Borchert, H. (Hrsg.):
Lexikon der Wirtschaft. Band: Industrie.
Berlin: Die Wirtschaft 1970.

/5/   Bracht, U.:
Rechnergestützte Fabrikanalyse und -planung auf der
Basis einer flächenbezogenen Werksstruktur-Datenbank.
Düsseldorf: VDI-Verlag 1984.

/6/   Degelmann, A.:
Organisationsleiterhandbuch.
München: Moderne Industrie 1982.

/7/   Patzak, G.:
Systemtechnik. Planung komplexer innovativer Systeme.
Berlin, Heidelberg, New York: Springer 1982.

/8/   Musselmann, K.J.; Martin, D.L.; Brouse, J.:
Applying simulation to assembly line design.
In: Hurrison, R.D. (Hrsg.): Simulation.
Berlin, Heidelberg, New York: Springer 1986,
S. 21-34.

/9/   Scharf, P.:
Strukturen flexibler Fertigungssysteme.
Mainz: Krausskopf 1976.

/10/   Griffin, R.:
          Choosing and using a simulation system.
          In: Hurrison, R.D. (Hrsg.): Simulation.
          Berlin, Heidelberg, New York: Springer 1986,
          S. 261-270.

/11/   Mills, R.I.:
          Simulation for manufacturing systems - a critical
          review.
          In: Rathmill, K. (Hrsg.): Proceedings of the 5th
          International Conference on FMS.
          Berlin, Heidelberg, New York: Springer 1986,
          S. 225-234.

/12/   Dangelmaier, W.:
          Algorithmen und Verfahren zur Erstellung inner-
          betrieblicher Anordnungspläne.
          Habil.-Schrift Universität Stuttgart 1985.
          Berlin, Heidelberg, New York: Springer 1986.

/13/   Warnecke, H.J.; Steinhilper, R.; Zeh, K.-P.:
          Simulation as an integral part of an effective
          planning of flexible manufacturing systems (FMS).
          In: Lenz, J.E.(Hrsg.): Proceedings of the 2nd Inter-
          national Conference on SIM.
          Kempston: IFS Ltd 1986, S. 177-192.

/14/   o. V.:
          Handbuch des Systems Engineering.
          Zürich: Betriebswirtschaftliches Institut der ETH
          1976.

/15/   Klir, G.J.:
          An approach to general system theory.
          New York: Van Nostrand Reinhold 1969.

/16/   Hichert, R.:
          Stufenweise Ableitung eines praktischen Planungs-
          systems für den Entwicklungsbereich.
          Dissertation Universität Stuttgart 1978.
          Mainz: Krausskopf 1978.

/17/   Niemeyer, G.:
          Systemsimulation.
          Frankfurt/M.: Akademische Verlagsgesellschaft 1973.

/18/   Papadimitriou, Ch.:
          Combinatorial optimization - algorithms and
          complexity.
          New Jersey: Prentice-Hall 1982.

/19/   Hillier, F.S.; Liebermann, G.J.:
          Introduction to operations research.
          San Francisco: Holden-Day 1980.

/20/   Kallina, G.:
        Modell zur Optimierung von Durchlaufzeiten und
        Beständen in der Fertigung.
        In: Schmidt, G.; Thoma, M. (Hrsg.): Fortschritte in
        der Meß- und Automatisierungstechnik durch Informa-
        tionstechnik.
        Berlin, Heidelberg, New York: Springer 1986,
        S. 456-464.

/21/   Martins, K.:
        Interaktive Fertigungssteuerungsstrategien.
        In: Wildemann, H. (Hrsg.): Planen und Steuern der
        Produktion im Wandel.
        München: gfmt 1985, S. 241-265.

/22/   Goldratt, E.M.; Cox, J.:
        Das Ziel.
        Hamburg: MacGraw-Hill 1987.

/23/   Graf, H.:
        Methodenauswahl für die Materialbewirtschaftung in
        Maschinenbaubetrieben.
        Mainz: Krausskopf 1977.

/24/   Kalscheuer, H.D.; Gsell, P.J.:
        Integrierte Datenverarbeitungssysteme für die
        Unternehmensführung.
        Berlin: de Gruyter 1972.

/25/   Koxholt, R.:
        Die Simulation - ein Hilfsmittel der Unternehmens-
        forschung.
        München und Wien: Oldenbourg 1967.

/26/   Bratley, P.; Fox, B.; Schrage, L.:
        A guide to simulation.
        Berlin, Heidelberg, New York: Springer 1987.

/27/   Klingenberg, G.:
        Zeitkontinuierliche Simulation im fertigungs-
        technischen Bereich.
        Aachen: Dissertation Techn. Hochschule Aachen 1981.

/28/   Ringes, G.:
        Handbuch der Produktionsstättenplanung.
        Braunschweig: Vieweg 1976.

/29/   Schmidt-Sudhoff, U.:
        Unternehmerziele und unternehmerisches Zielsystem.
        Wiesbaden: Gabler 1967.

/30/   Becker, B.-D.; Schmidt, R.:
        Costs and benefits of the application of
        computer simulation in planning of logistic
        systems.
        Nizza: European Simulation Multiconference
        1.-3. Juni 1988.

/31/   Pidd, M.:
        Computer Simulation in Management Science.
        Chichester: John Wiley & sons 1984.

/32/   Hudetz, W.:
        Simulationssoftware - Gegenwart und Zukunft.
        In: Simon, H. (Hrsg.): Simulation und Modellbildung
        mit dem Computer im Unterricht.
        Grafenau: Lexika 1978, S. 275-284.

/33/   Simon, H.A.:
        Information processing models of cognition.
        Palo Alto: Annual Review of Psychology 30 (1979),
        S. 5.

/34/   o. V.:
        Fischer-Technik.
        Produktbeschreibung.
        Waldachtal: Arthur-Fischer-Werke o. J.

/35/   Steffens, H.:
        Ein Beitrag zur Optimierung der Prozeßführungs-
        strategien automatisierter Förder- und Materialfluß-
        systeme.
        Dissertation Universität Stuttgart 1983.
        Berlin, Heidelberg, New York: Springer 1983.

/36/   Lindgren, B.W.:
        Statistical theory.
        New York: Macmillan 1976.

/37/   Quinn, E.B.:
        A simulation based system for automatic development
        and testing of AGV control.
        In: Andersson, S.E. (Hrsg.): Proceedings of the 3rd
        International Conference on AGVS.
        Kempston: IFS Ltd 1985, S. 219-228.

/38/   Castek, D.M.; Lichtenfeld, R.A.:
        How simulation techniques can support tactical and
        operational decisions.
        In: Lenz, J.E. (Hrsg.): Proceedings of the 2nd Inter-
        national Conference on SIM.
        Kempston: IFS Ltd 1986, S. 169-176.

/39/   Siemsen, K.H.:
        Bemerkungen zum Begriff der Simulation.
        In: Simon, H. (Hrsg.): Simulation und Modellbildung
        mit dem Computer im Unterricht.
        Grafenau: Lexika 1978, S. 225-236.

/40/   Iglehart, D.L.; Shedler, G.S.:
        Regenerative simulation of response times in
        networks of queues.
        Berlin, Heidelberg, New York: Springer 1980.

/41/   Buslenko, N.P.:
        Simulation von Produktionsprozessen.
        Leipzig: Teubner 1971.

/42/   Buslenko, N.P.:
        Modellierung komplizierter Systeme.
        Würzburg: Physica 1972.

/43/   Becker, B.-D.:
        Erprobung von Ablaufstrategien bei Mehrprodukt-
        fertigung in komplexen, verzweigten Anlagen mit
        Hilfe der Simulation.
        DFG-Forschungsvorhaben WA 270/91, erstellt am IPA-
        FhG, 1985.

/44/   Der große Brockhaus in 12 Bänden.
        18. völlig neu bearbeitete Auflage.
        Wiesbaden: F.A. Brockhaus-Verlag 1977.

/45/   Crane, M.A.; Lemoine, A.J.:
        An introduction to the regenerative method for
        simulation analysis.
        Berlin, Heidelberg, New York: Springer 1977.

/46/   Reisig, R.:
        Petrinetze.
        Berlin, Heidelberg, New York: Springer 1982.

/47/   o. V.:
        NET-Benutzerhandbuch.
        Berlin: PSI 1985.

/48/   Ketter, P.; Thome, H.G.:
        Graphisch interaktive Simulation von integrierten
        Fertigungs- und Montagesystemen.
        In: Halin, J. (Hrsg.): Simulationstechnik.
        4.Symposium für Simulationstechnik, Proceedings.
        Berlin, Heidelberg, New York: Springer 1987,
        S. 572-584.

/49/   Pritsker, A.A.; Pegden, C.D.:
        Introduction to SLAM.
        New York: John Wiley & Sons 1978.

153

/50/   o. V.:
SIMULA Version 1 Reference Manual.
Sunnyvale: Control Data Corp..o. J.

/51/   Kuhn, A.:
Stand der Simulation in der Fertigungstechnik und
Entwicklungstendenzen.
In: Halin, J. (Hrsg.): Simulationstechnik.
4.Symposium für Simulationstechnik, Proceedings.
Berlin, Heidelberg, New York: Springer 1987, S. 2-27.

/52/   Dolezalek, C.M.:
Planung von Fabrikanlagen.
Berlin, Heidelberg, New York: Springer 1981.

/53/   Birch, M.J.:
Forssight and its application to an FMS simulation
study.
In: Heginbotham, W.B. (Hrsg.): Proceedings of the 1st
International Conference on SIM.
Kempston: IFS Ltd 1985, S. 269-281.

/54/   o. V.:
GAP.
Programmbeschreibung.
Stuttgart: IAO-FhG o. J.

/55/   Bedini, R.:
FMS simulation on microcomputer with graphic
workstation.
In: Heginbotham, W.B. (Hrsg.): Proceedings of the 1st
International Conference on SIM.
Kempston: IFS Ltd 1985, S. 173-184.

/56/   Bullinger, H.-J.; Schweizer, W.:
Interaktive Simulation von Montagesystemen.
wt - Zeitschrift für industrielle Fertigung 75
(1985) 7, S. 421-424.

/57/   Breilmann, E.:
ISIS - Interaktives Simulationssystem.
Langen: IT GmbH 1986.

/58/   Witte, Th.; Feil, P.; Grzybowski, R.A.:
Programmbeschreibung Lagersimulation (LASIM).
Universität Osnabrück: Fachbereich Wirtschafts-
wissenschaften 1987.

/59/   Reinhardt, A.:
Simulation und Leitstand - Methodische und
technische Integration an Projektbeispielen.
In: ASIM (Hrsg.): Simulation und Integration.
Tagungsbericht 1989.
München: gfmt 1989, S. 237-254.

/60/   Lenz, J.E.:
          MAST - A simulation as advanced as the FMS it
          studies.
          Oshkosh: CMS Research 1986.

/61/   o.V.
          PCModel.
          Programmbeschreibung.
          San Jose: SIMSOFT o. J.

/62/   Masotte, P.:
          Sequential function chart modelling with RESQ.
          In: Huntsinger, R.C. u.a. (Hrsg.): Simulation
          environments and symbol and number processing on
          multi and array processors.
          Ghent: SCS Europe 1988, S. 71-74.

/63/   o. V.:
          The SIMAN simulation language.
          Worthing: Systems Modeling Corp. o. J.

/64/   Cobbin, Ph.:
          Applying SIMPLE_1 to manufacturing systems.
          Proceedings of the 1986 Summer Computer Simulation
          Conference.
          San Diego: SCS 1986, S. 724-730.

/65/   Seliger, G.; Viehweger, B.; Wieneke, B.:
          Decision support for planning flexible manufacturing
          systems.
          In: Lenz, J.E. (Hrsg.): Proceedings of the 2nd Inter-
          national Conference on SIM.
          Kempston: IFS Ltd 1986, S. 193-206.

/66/   Goldberg, A.; Robson D.:
          SMALLTALK - The language and its implen-
          tation.
          Reading: Adison-Wesley Publishing Company 1983.

/67/   Goldberg, A.:
          SMALLTALK - The interactive programming environment.
          Reading: Adison-Wesley Publishing Company 1984.

/68/   o. V.:
          FAD.
          Programmbeschreibung.
          Dortmund: ITW-FhG o. J.

/69/   o. V.:
          FASIM - Fertigungsablaufsimulator.
          Programmbeschreibung.
          München: SIEMENS ZT ZTP FWO 3, Faltblatt Nr.5 1987.

/70/   Manuelli, R.; Guiducci, G.:
        A simulation tool for flexible manufacturing systems.
        In: Heginbotham, W.B. (Hrsg.): Proceedings of the 1st
        International Conference on SIM.
        Kempston: IFS Ltd 1985, S. 161-172.

/71/   o. V.:
        GRAFSIM. Simulationssystem für flexible Fertigungs-
        systeme.
        Erlangen: SIEMENS AG o. J.

/72/   o. V.:
        HOCUS.
        Programmbeschreibung.
        Hampstead: PE Inbucon o. J.

/73/   Engelke, H. u.a.:
        Integrated manufacturing modeling system.
        IBM Journal of Research and Development 29 (1985) 4,
        S. 343-355.

/74/   o. V.:
        INSIMAS.
        Handbuch.
        Dortmund: ITW-FhG o. J.

/75/   Miner, R.J.; Rolston, L.J.:
        MAP/1 User´s Manual.
        West Lafayette: Pritsker & Assoc. 1984.

/76/   o. V.:
        MODELMASTER.
        Programmbeschreibung.
        Frankfurt/M.: General Electric Automation
        Europe o. J.

/77/   Duffau, B.; Bardin, C.:
        Evaluating AGVS circuits by simulation.
        In: Andersson, S.E. (Hrsg.): Proceedings of the 3rd
        International Conference on AGVS.
        Kempston: IFS Ltd 1985, S. 229-246.

/78/   o. V.:
        Run your plant before it is built.
        SEE WHY.
        Programmbeschreibung.
        Oxford: ISTEL Ltd o. J.

/79/   o. V.:
        SIFLA - Simulation flexibler Anlagen.
        Universität Stuttgart: Institut für Steuerungs-
        technik 1985.

/80/   o. V.:
         SIMFACTORY.
         Programmbeschreibung.
         Richmond: CACI 1987.

/81/   o. V.:
         DOSIMIS III.
         Programmbeschreibung.
         Dortmund: ITW-FhG 1987.

/82/   Schlüter, K.:
         Grafischer Modellaufbau und grafische Prozeß-
         verfolgung als Hilfsmittel der Simulation in
         der Fertigungstechnik.
         In: Biethahn, J.; Schmidt, B. (Hrsg.): Simulation als
         betriebliche Entscheidungshilfe.
         Berlin, Heidelberg, New York: Springer 1987,
         S. 157-171.

/83/   o. V.:
         SIMULAP.
         Simulationssystem für Materialtransport und Lager-
         prozesse.
         Handbuch Version 6.0.
         Stuttgart: IPA-FhG 1988.

/84/   Sowa, J.:
         Simulation für die Planung von Materialflußsystemen.
         Zeitschrift für wirtschaftliche Fertigung 80 (1985),
         S. 409-411.

/85/   o. V.:
         XCELL.
         Programmbeschreibung.
         West Lafayette: Pritsker & Assoc. 1987.

/86/   o. V.:
         EKSTASE.
         Produktbeschreibung.
         Erlangen: SIEMENS AG o. J.

/87/   o. V.:
         MODUS.
         Programmbeschreibung.
         Dortmund: ITW-FhG 1986.

/88/   o. V.:
         SIMKIT.
         Programmbeschreibung.
         München: INTELLICORP 1986.

/89/   Warnecke, H.J.; Zipse, T.; Zeh, K.-P.:
         Rechnergestützte Planung und digitale Ablauf-
         simulation flexibler Fertigungssysteme.
         In: Warnecke, H.J. (Hrsg.): Flexible Fertigungs-
         systeme.
         Berlin, Heidelberg, New York: Springer 1984,
         S. 197-211.

/90/   Dangelmaier, W.; Becker, B.-D.:
         SIMULAP and the simulation of centralized job control
         in a job shop.
         Proceedings 3rd AUTOMAN.
         Kempston: IFS Ltd 1985.

/91/   Bachers, R.; Augustin, M.; Dangelmaier, W.:
         Using simulation of final assembly: a case study
         from a German car manufacturer.
         In: Lenz, J.E. (Hrsg.): Proceedings of the 2nd Inter-
         national Conference on SIM.
         Kempston: IFS Ltd 1986, S. 157-168.

/92/   Dangelmaier, W.; Becker, B.-D.:
         EXCON - An expertsystem to construct control
         strategies for simulation systems in manufacturing.
         In: Crosbie, R.; Luker, P. (Hrsg.): Proceedings of
         the 1986 Summer Computer Simulation Conference.
         San Diego: SCS 1985, S. 731-740.

/93/   Dangelmaier, W.; Becker, B.-D.:
         New concepts for a parametric simulation package for
         discrete manufacturing systems.
         In: SCS (Hrsg.): Proceedings of the 1985 Summer
         Computer Simulation Conference.
         San Diego: SCS 1986, S. 659-664.

/94/   o. V.:
         MOMOS.
         Simulationswerkzeug unterstützt die Planung von
         bemannten Montage-und Arbeitssystemen.
         Stuttgart: IAO-FhG 1986.

/95/   Whipple, A.:
         MacExpress.
         Houston: AlSoft 1985.

/96/   o. V.:
         CINEMA.
         Produktbeschreibung.
         Worthing: Systems Modeling Corp. o.J.

/97/   o. V.:
         TESS.
         Programmbeschreibung.
         West Lafayette: Pritsker & Assoc. o.J.

/98/   o. V.:
            KEE.
            Programmbeschreibung.
            München: INTELLICORP 1986.

/99/   Baumgarten, H.; Böckmann, H.; Gail, M.:
            Voraussetzungen automatisierter Lager.
            Berlin und Köln: Beuth 1978.

/100/   Schulte-Zurhausen, M.:
            Planung von Blocklagersystemen.
            Berlin und Köln: Beuth 1982.

/101/   Erbesdobler, R.; Heinemann, J.; Mey, P.:
            Entscheidungstabellentechnik.
            Berlin, Heidelberg, New York: Springer 1976.

/102/   Fischbach, F.; Groß J.; Ott, W.:
            Entscheidungstabellen.
            Köln: Verlagsgesellschaft R. Müller 1975.

/103/   Wirth, N.:
            Algorithms + Data Structures = Programs.
            New Jersey: Prentice-Hall 1976.

/104/   Glynn, P.; Iglehart, D.; Shedler, G.:
            Stochastic simulation.
            Manuskript zur Vorlesung Simulation.
            Stanford University 1984.

/105/   Pountain, D.; Rudolf, R.: OCCAM - Das Handbuch.
            Anleitung zum Programmieren paralleler Rechner-
            systeme.
            Hannover: Heise 1987.

/106/   Steinmetz, R.: OCCAM 2.
            Die Programmiersprache für parallele
            Verarbeitung.
            Heidelberg: Hüthig 1987.

/107/   Lightspeed Pascal.
            User's guide and reference manual. Version 1.
            Lexington: Think Technologies 1986.

/108/   Noche, B. u.a.:
            Optimizing simulators within material flow systems.
            In: Geril, Ph. (Hrsg.): Proceedings of the 2nd
            European Simulation Congress.
            Ghent: SCS Europe 1986, S. 651-657.

/109/   o. V.:
            SIMIS.
            Programmbeschreibung.
            Dortmund: ITW-FhG o. J.

Schrifttum 2 (in Betracht gezogen):

/110/   Dangelmaier, W.; Becker, B.-D.; Himmelstoß, P.:
             Expert system support for the construction of
             strategies.
             Wien: European Simulation Multiconference
             8.-10. Juli 1987.

/111/   Becker, B.-D.:
             Die Fabrik im Simulator.
             CIM-Praxis (1987) 4, S. 46-50.

/112/   Becker, B.-D.:
             Auslegung einer Lagervorzone mit Quer-
             verschiebewagen.
             Stuttgart: VDI-Seminar März 1987.

/113/   Becker, B.-D.:
             Modelldesign und Software-Ergonomie in Simu-
             lationsverfahren der Fertigungstechnik.
             Berlin: Fachtagung des Arbeitskreises für
             Simulation in der Fertigungstechnik 25.-26.
             Februar 1988.

/114/   Becker, B.-D.:
             SIMPLE - Ein Simulationssystem für Fertigungs-
             prozesse mit Stückgutcharakter.
             Stuttgart: VDI-Seminar März 1988.

/115/   Becker, B.-D.:
             Vergleich und Entwicklungsrichtungen von
             Werkzeugen zur diskreten Simulation von
             Fertigungssystemen.
             Stuttgart: Computer Aided Technologies in
             Manufacturing (CAT) 17.-20. Mai 1988.

/116/   Borchert, H. (Hrsg.):
             Lexikon der Wirtschaft. Band: Rechentechnik/
             Datenverarbeitung.
             Berlin: Die Wirtschaft 1983.

/117/   Chamoni, P.:
             Simulation störanfälliger Systeme.
             Wiesbaden: Gabler 1986.

/118/   Dangelmaier, W.; Becker, B.-D.:
             Vergleich und Entwicklungsrichtungen von Werkzeugen
             zur diskreten Simulation von Fertigungssystemen.
             In: Halin, J. (Hrsg.): Simulationstechnik.
             4.Symposium für Simulationstechnik, Proceedings.
             Berlin, Heidelberg, New York: Springer 1987,
             S. 564-571.

/119/ Dangelmaier, W.; Becker, B.-D.:
SIMPLE - A new objectoriented simulation
system.
Heidelberg: Apple-EUC-Kongreß 6.-9. April 1988.

/120/ Dangelmaier, W.; Becker, B.:
SIMPLE and EXCON - A new objectoriented
simulation system with expert system support.
Orlando: The Eastern Simulation Conference
18.-21. April 1988.

/121/ Dastych, J.; Harland, J.:
"ESRSIM". Ein Programmsystem zur Simulation
kontinuierlicher und zeitdiskreter Systme.
In: Halin, J. (Hrsg.): Simulationstechnik.
4.Symposium für Simulationstechnik, Proceedings.
Berlin, Heidelberg, New York: Springer 1987,
S. 197-204.

/122/ Endesfelder, T; Tempelmeier, H.:
The SIMAN module processor - A flexible software tool
for the generation of SIMAN simulation models.
In: Retti, J.; Wiechmann, K.E. (Hrsg.): Simulation in
CIM and artificial intelligence techniques.
Ghent: SCS Europe 1987, S. 38-43.

/123/ Gäfgen, G.:
Theorie der wirtschaftlichen Entscheidung.
Tübingen: J.C.B. Mohr 1968.

/124/ Geitner, U.W.:
Integrierte Unternehmensplanung durch Simulation.
Wiesbaden: Forkel 1984.

/125/ Hillion, H.; Proth, J.M.; Xie, X-L.:
Near optimal solution for the sequencing and
scheduling job-shop problem.
In: Adelberger, H.; Broeckx, F. (Hrsg.): Discrete
event simulation and simulation and operations
research.
Ghent: SCS Europe 1987, S. 133-138.

/126/ o. V.:
KASIMIR.
Programmbeschreibung.
Universität Karlsruhe: Institut für Fördertechnik
1986.

/127/ Kuhn, A.; Wiehndahl, H.-P.:
Das Modell der Fabrik verändert sich mit der Zeit.
VDI-Nachrichten vom 28.11.1986.

/128/   Ludyk, G.:
          Time-variant discrete-time systems.
          Braunschweig: Vieweg 1981.

/129/   Mresse, M.:
          MOSIM - Ein Simulationskonzept basierend auf PL/1.
          Basel und Stuttgart: Birkhäuser 1977.

/130/   Müller, H. u.a.:
          Practical applications of operations research and
          simulation and the benefits from expert systems.
          In: Adelsberger, H.; Broeckx, F. (Hrsg.): Discrete
          event simulation and operations research.
          Ghent: SCS Europe 1987, S. 112-117.

/131/   PROLOG : TURBO PROLOG Handbuch, Heimsoeth
          Software Fraunhofstr. 13, 8000 München

/132/   Roth, R.:
          Mehr als ein Computerspiel.
          Materialfluß 8 (1986), S.14-15.

/133/   ders.:
          Planungssicherheit durch Simulation.
          Sonderdruck aus VDI-Zeitschrift 126 (1984) 12.

/134/   Schmidt, B.:
          Systemanalyse und Modellaufbau.
          Berlin, Heidelberg, New York: Springer 1985.

/135/   o. V.:
          SIFEMA.
          Programmbeschreibung.
          Dortmund: ITW-FhG o. J.

/136/   SIMFLEX: Produktbeschreibung, Gesellschaft für inte-
          grierte Systemsimulation und Prozeßlenkung mbH,
          Johann-Sigismund-Straße 2, 1000 Berlin 31

/137/   o. V.:
          SIMGRAF: Graphische Darstellung von Simulations-
          ergebnissen.
          Programmbeschreibung.
          München: SIEMENS AG Bereich Datentechnik o. J.

/138/   Doulgeri, Z.; Hibberd, R.D.:
          A simulation to develop and assess control algorithms
          for FMS.
          In: Heginbotham, W.B. (Hrsg.): Proceedings of the 1st
          International Conference on SIM.
          Kempston: IFS Ltd 1985, S. 185-194.

/139/   Szymankiewicz, J.; McDonald, J.; Turner, K.:
          Solving business problems by simulation.
          Hampstead: PE Inbucon 1988.

/140/   Ulgen, O.M.; Thomasma, T.:
A graphical simulation system in Smalltalk-80.
In: Retti, J.; Wiechmann, K.E.: Simulation in CIM and
artificial intelligence techniques.
Ghent: SCS Europe 1987, S. 53-58.

/141/   Wunsch, G.:
Geschichte der Systemtheorie.
München und Wien: Oldenbourg 1985.

/142/   Wunsch, G.; Schreiber, H.:
Stochastische Systeme.
Berlin: VEB Verlag Technik 1984.

/143/   Stoyan, H.:
Programmiermethoden der künstlichen Intelligenz.
Band 1.
Berlin, Heidelberg, New York: Springer 1981.

/144/   Feldmann, K.; Schmidt, B.:
Simulation in der Fertigungstechnik.
Berlin, Heidelberg, New York: Springer 1988.

/145/   Göttler, H.:
Graphgrammatiken in der Softwaretechnik.
Berlin, Heidelberg, New York: Springer 1988.

/146/   o. V.:
Elektronische Datenverarbeitung bei der Produktions-
planung und -steuerung. Begriffszusammenhänge und
Begriffsdefinitionen.
Düsseldorf: VDI-Verlag 1976.

/147/   Wichmann, K.E.:
An intelligent simulation environment for the design
and operation of FMS.
In: Lenz, J.E. (Hrsg.): Proceedings of the 2nd Inter-
national Conference on SIM.
Kempston: IFS Ltd 1986, S. 1-12.

<u>Lebenslauf</u>

<u>Geburtsdaten:</u> 8.5.1956 geboren in Ludwigsburg

<u>Eltern:</u> Ernst-Otto und Marianne Becker, geb. Müller

<u>Schulbildung:</u>

1963 - 1966	Schiller-Volksschule in Kornwestheim
1966 - 1975	Ernst-Sigle Gymnasium in Kornwestheim

<u>Studium:</u>

10/75 - 5/82	Studium der Elektrotechnik, Universität Stuttgart, Modell Physikalische Elektronik, Fachrichtung Nachrichtentechnik
26.5.1982	Diplomzeugnis im Studiengang Elektrotechnik
10/83 - 8/84	Studium des Operations Research, Stanford University
27.9.1984	Abschlußzeugnis als Master of Science

<u>Praktika:</u>

5/ - 8/ 1975	Daimler-Benz AG, Stuttgart
7/ - 8/ 1980	KDD, Tokio, Japan
9/ - 12/ 1980	Texas Instruments, Houston, Texas, USA

<u>Berufstätigkeit:</u>

6/82 - 8/83	Wissenschaftlicher Mitarbeiter am Fraunhofer Institut für Produktionstechnik und Automatisierung, Stuttgart
ab 1.10.1984	Wissenschaftlicher Mitarbeiter am Fraunhofer Institut für Produktionstechnik und Automatisierung, Stuttgart

<u>Mitgliedschaft:</u>

Arbeitsgemeinschaft für Simulation (ASIM) der
Gesellschaft für Informatik (GI),
Society for Computer Simulation (SCS)